中国天宫二号空间实验室受控离轨

    天宫二号空间实验室 2016 年 9 月 15 日发射入轨，先后与神舟十一号载人飞船和天舟一号货运飞船完成 4 次交会对接，成功支持 2 名航天员在轨工作生活 30 天，突破掌握航天员中期驻留、推进剂在轨补加等一系列关键技术，并在超期服役的 300 多天里，完成多项拓展试验，为中国空间站研制建设和运营管理积累了重要经验。2019 年 7 月 19 日，天宫二号空间实验室受控离轨并再入大气层，标志着空间实验室阶段全部任务圆满完成。

中国航天员科研训练中心开展水下试验

    2019 年 1 月 5 日，中国航天员科研训练中心 8 名志愿者及 8 名航天员参试，历时 6 个月，完成了 40 次、80 人次水下试验，对舱外路径、舱外作业、舱外救援等进行了验证，为核心舱转正样及空间站任务顺利推进提供了重要依据。

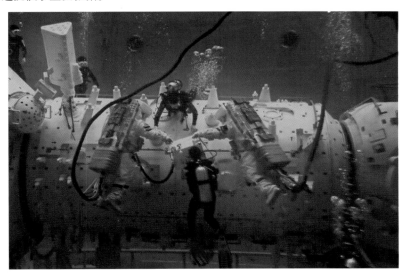

中巴签署载人航天合作协定

2019年4月27日，中国载人航天工程办公室与巴基斯坦空间与上层大气研究委员会签署关于载人航天飞行活动的合作协定。

中国空间站应用首批国际合作项目公布

2019年6月12日，中国载人航天工程办公室与联合国外空司在奥地利维也纳举办的联合国外空委第62届会议期间，共同宣布了中国空间站应用国际合作项目定选结果。共有来自17个国家、23个实体的9个项目入选，涵盖空间天文、空间生命科学、生物技术、航天医学、空间物理、应用新技术等诸多前沿科学领域，标志着中国空间站国际合作进入新阶段。

2019 年世界载人航天重大事件

2019 年 3 月，美国副总统彭斯发表演讲强调，美国将在 5 年内即 2024 年之前把美国航天员送上月球；随后，NASA 发布《飞向月球：NASA 月球探索战略计划》，明确"阿尔忒弥斯"载人登月任务实施方案。

SpaceX 公司和波音公司分别于 3 月、12 月实现载人龙飞船与星际客船的无人首飞，但载人龙飞船 4 月在进行逃逸系统测试时发生爆炸事故。

俄罗斯于 9 月将下一代载人飞船——联邦号改名为雄鹰号，并明确该飞船将于 2023 年首飞、2025 年执行国际空间站载人任务的详细计划。

俄罗斯联盟 FG 运载火箭于 9 月执行最后一次载人航天运输任务，将联盟号 MS-15 载人飞船送上国际空间站。联盟 FG 运载火箭退役后，联盟 2-1a 运载火箭将于 2020 年承担首次载人航天发射任务，将联盟号 MS-16 飞船送入太空。

NASA 于 10 月发布新版《2020 NASA 技术分类》，对 2015 年版《NASA 技术路线图》进行修订，推进未来技术的研发，以支持包括载人登月在内的各种探索目标。

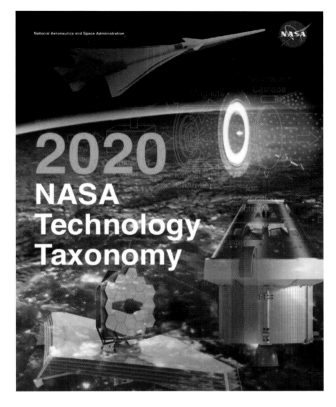

俄罗斯于 10 月完成叶尼塞重型火箭的初始设计评审，该型火箭预计 2028 年首飞，为俄罗斯 2030 年载人登月提供支持。

美国的新型 xEMU 登月航天服、猎户座舱内航天服与俄罗斯的猎鹰 –M 新型舱外航天服首次向公众展示，将为未来的载人探索活动及载人登月提供更好的生存条件、更灵活的操作与更舒适的穿着。

航天发射系统火箭于 12 月完成首飞火箭芯级的总装，为首飞做好各项准备。

2019 世界载人航天发展报告

中国载人航天工程办公室　编

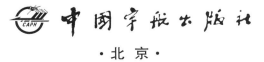

中国宇航出版社
·北京·

内 容 简 介

本书在全面跟踪2019年世界载人航天活动及技术发展的基础上，以独特的视角展现了主要国家载人航天领域的发展动态与趋势。2019年，中国天宫二号空间实验室圆满完成全部既定任务后受控离轨并再入大气层，标志着工程第二步任务完美收官；空间站研制建设工作顺利推进，工程全线正在积极备战长征五号B运载火箭首飞任务。本书在介绍2019年世界载人航天发展总体态势的基础上，还从载人航天运载器、载人航天器、航天员及发射场系统以及空间科学与应用等领域，对国外2019年的发展概况进行了综述。同时针对2019年的发展热点，对美国2024年实现载人重返月球的计划、NASA一年期航天飞行双胞胎对照研究、2020财年NASA载人航天预算申请、国际空间站运营模式及国际空间站技术开发与验证研究工作等进行了分析。

本书力求覆盖2019年世界载人航天领域发展全貌，内容具体全面，分析深入浅出，适合本领域工程管理人员、相关专业工程技术人员和航天爱好者阅读。

图书在版编目（CIP）数据

2019世界载人航天发展报告 / 中国载人航天工程办公室编． --北京：中国宇航出版社，2020.3
ISBN 978 - 7 - 5159 - 1768 - 9

Ⅰ．①2… Ⅱ．①中… Ⅲ．①载人航天飞行－研究报告－世界－2019 Ⅳ．①V529

中国版本图书馆CIP数据核字（2020）第039194号

责任编辑　汪秀明
责任校对　马　喆　　装帧设计　宇星文化

出 版
发 行　**中国宇航出版社**

社　址	北京市阜成路8号　邮　编　100830	版　次	2020年3月第1版
	（010）60286808　（010）68768548		2020年3月第1次印刷
网　址	www.caphbook.com	规　格	787×1092
经　销	新华书店	开　本	1/16
发行部	（010）60286888　（010）68371900	印　张	14.5　彩　插　12面
	（010）60286887　（010）60286804（传真）	字　数	203千字
零售店	读者服务部	书　号	ISBN 978 - 7 - 5159 - 1768 - 9
	（010）68371105	定　价	118.00元
承　印	天津画中画印刷有限公司		

本书如有印装质量问题，可与发行部联系调换

《2019 世界载人航天发展报告》
撰 稿 人

（按姓氏音序排列）

陈银娣	慈元卓	范唯唯	方　勇
管春磊	郭丽红	韩　淋	何慧东
胡畔畔	廖小刚	龙雪丹	强　静
曲　晶	宋　尧	汪　琦	王海名
王　霄	王岩松	王　宇	韦　玮
魏晨曦	武艳平	肖建军	肖武平
杨　帆	杨　开	苑　艺	张　峰
张　杰	张绿云	张　蕊	赵　晨
周生东			

前　言

2019 年是中国载人航天工程接续努力、强基固本的重要一年。2019 年 7 月 19 日，我国第一个真正意义上的空间实验室天宫二号圆满完成近 3 年飞行试验任务，受控离轨并再入大气层，标志着中国载人航天工程空间实验室阶段全部任务圆满完成，全面迈进空间站建设阶段。目前空间站研制建设稳步推进，主要系统关键技术攻关已经完成，各系统正在按计划开展初样、正（试）样研制及试验，工程全线积极备战 2020 年空间站任务阶段的首次飞行。与此同时，首批中国空间站应用国际合作项目在联合国外空司发布，中国载人航天彰显大国担当。

2019 年，美俄等主要航天国家围绕载人重返月球不断推进载人航天发展。美国宣布要在 2024 年实现载人重返月球，实现路径进一步清晰；俄罗斯加紧制定月球开发计划，日本、欧洲等国家和地区积极参与国际合作，希望借此实现其登月梦想。新型运载火箭与飞船研制步伐加快，美国航天发射系统火箭与猎户座飞船完成总装，俄罗斯叶尼塞重型火箭与雄鹰号飞船研制稳步推进，将帮助实现未来的载人登月；国际空间站发挥的作用更加明显，新的亮点与创新不断出现；美国此前快速发展的商业载人航天运输遭遇挫折，未能实现首次商业载人航天飞行。世界载人航天活动围绕登月已经进入一个活跃发展期，不仅围绕大国地位和综合国力的载人航天竞争日趋激烈，推进航天技术发展和繁荣经济的载人航天合作也更加紧密。

随着中国载人航天工程的飞速发展，中国在世界航天领域的影响力和地位不断上升。为了密切关注和跟踪世界载人航天发展动向，把握世界载人航天发展趋势，编辑部组织编撰了《2019 世界载人航天发展报告》。参与编撰的单位有：军事科学院军事科学信息研究中心、北京跟踪与通信技术研究所、中国航天员科研训练中心、北京特种工程设计研究院、中国科学院科技战略咨询研究院、北京航天长征科技信息研究所和北京空间科技信息研究所等，在此一并表示感谢！

中国载人航天工程办公室

2020 年 3 月

目 次

中国专栏

综 述 篇

专 题 篇

附 录 篇

中国载人航天全面进入空间站时代

2019 年，是新中国成立 70 周年，是我国第一艘无人试验飞船"神舟一号"成功发射升空 20 周年，也是我国空间站任务各项研制工作转入实施阶段的关键一年，是多方向谋划工程未来发展的开创性一年。天宫二号空间实验室受控离轨并再入大气层，空间站研制建设稳步推进，工程全线积极备战高密度飞行任务；首批中国空间站应用国际合作项目正式发布，中巴签署载人航天合作框架协定，中国载人航天正式全面迈进空间站时代。

一、空间实验室任务圆满完成

2019 年 7 月 19 日，天宫二号空间实验室受控离轨并再入大气层，标志着空间实验室阶段全部任务圆满完成。

天宫二号空间实验室自 2016 年 9 月 15 日发射入轨，先后与神舟十一号载人飞船和天舟一号货运飞船完成 4 次交会对接，成功支持 2 名航天员在轨工作生活 30 天，突破掌握航天员中期驻留、推进剂在轨补加等一系列关键技术，并在超期服役的 300 多天里，完成多项拓展试验，为中国空间站研制建设和运营管理积累了重要经验。

作为我国第一个真正意义上的太空实验室，天宫二号空间实验室共搭载 14 项约 600kg 重的应用载荷，以及航天医学实验设备和在轨维修试验设备，开展 60 余项空间科学实验和技术试验，圆满完成各项既定任务，取得一大批具有国际领先水平和重大应用效益的成果。其中，天宫二号空间实验室搭载的空间冷原子钟是国际上首台在轨运行的冷原子钟，根据在轨测试结果推算冷原子钟日稳定度达到 7.2E-16；中欧联合研制的伽玛暴偏振探测仪（POLAR）是国际首台宽视场、高效率的专用宇宙伽玛射线暴偏振探测仪器，成功探测到 55 个宇宙伽玛暴事例，为国际伽玛暴联合探测作出了重要贡献。此外，天宫二号空间实验室还搭载太空养蚕、双摆实验、水膜反应等 3 个香港中学生太空科技设计大赛获奖的实验项目，取得了良好的社会效益。

空间实验室阶段是建造空间站的重要技术准备阶段。未来空间站将会长期在轨飞行，保障航天员长期在轨生活，并从事大量科学研究、空间技术及应用研究，面对很多技术难题。空间实验室阶段任务验证了航天员中期驻留、推进剂在轨补加、自主快速交会对接等一系列关键技术，表明中国完全掌握了建造空间站所需要的技术，特别是两个重要的系统——神舟飞船载人天地往返系统和天舟货运飞船货物运输系统，这将为今后空间站的在轨飞行提供有力支持。

二、空间站建设稳步推进

根据飞行任务安排，空间站工程分为关键技术验证和建造 2 个阶段实施，其中关键技术验证阶段包括长征五号 B 运载火箭首飞、天和一号试验核心舱、神舟飞船、天舟飞船等 6 次飞行任务；建造阶段包括问天舱、梦天舱、神舟飞船、天舟飞船等 6 次飞行任务。空间站任务阶段的首次飞行——长征五号 B 运载火箭首飞计划于 2020 年上半年组织实施。

2019 年，空间站研制建设稳步推进，主要系统关键技术攻关已经完成，各系统正在按计划开展初样、正（试）样研制及试验。空间站系统试验核心舱已转入正样阶段，实验舱Ⅰ和实验舱Ⅱ正按计划开展初样阶段研制。长征五号 B 运载火箭系统转入试样阶段，完成了遥一火箭研制及出厂测试工作，正在开展遥二火箭研

图 1　中国空间站示意图

制。航天员系统完成了空间站建造阶段飞行乘组选拔，正在开展任务强化训练。空间应用系统核心舱载荷已转入正样阶段，正在开展实验舱应用载荷初样研制。航天技术试验和航天医学实验领域完成了第一批项目立项，正在开展载荷产品研制。神舟载人飞船、天舟货运飞船，以及长征二号 F、长征七号运载火箭正(试)样产品正在按计划进行组批生产。酒泉发射场、文昌发射场、测控通信系统和着陆场系统等正在按规划计划开展相关地面设备研制。此外，各系统主要研制保障条件正按计划实施。

三、国际合作走深走实

自信开放造就伟大范例。2019 年 6 月，联合国/中国围绕中国空间站开展空间科学实验的第一批项目，共有来自 17 个国家、23 个实体的 9 个项目入选，涵盖空间天文、空间生命科学、生物技术、航天医学、空间物理、应用新技术等诸多前沿科学领域。后续我国将在支持入选团队开展项目实施的同时，与联合国紧密合作，继续发布机会公告，开展更多项目合作。同时，我国也在研究选拔国际航天员，以及释放微小卫星的合作的可能性。携手联合国向各国敞开中国空间站大门，是我国航天国际合作的重大开创性举措，是中国载人航天工程从独立发展迈向全球合作新时代的重要标志，彰显了我国航天自信开放的姿态，也是我国在外空"新疆域"构建人类命运共同体、构建新型国际关系理念的具体体现，对开展新时代载人航天国际合作具有重要意义。联合国评价，中国与联合国外层空间事务办公室合作，为联合国所有会员国提供使用中国空间站的机会，是联合国"全球共享太空"倡议的重要组成部分，是一个"伟大范例"。

国际合作开启新阶段。2019 年 4 月，《中国载人航天工程办公室与巴基斯坦空间与上层大气研究委员会关于载人航天飞行活动的合作协定》在京签署（简称《合作协定》），标志着中巴双方在载人航天领域的合作开启了新阶段。根据《合作协定》，双方的潜在合作领域包括空间科学实验与技术试验、航天员选拔训练及飞行、载人航天科学应用与成果转化三个方面。2019 年 12 月，中巴载人航天合作联委会第一次会议在北京召开，这是中巴双方继签署顶层框架协定后，在载人航天领域开展务实合作的又一新里程碑。

四、工程后续发展未来可期

空间站完成在轨建造后，将全面进入为期 10 年以上的运营与应用阶段。运营好空间站，是全面实现载人航天"三步走"战略发展的必然逻辑，是充分发挥载人航天综合应用效益的重要手段，是新时代推动载人航天持续发展的重要举措。为确保空间站工程接续发展，2019 年 11 月我国启动了空间站运营与应用阶段实施方案论证工作，旨在研究提出空间站运营与应用的方案要点、飞行任务和应用项目规划、组织管理模式和经费概算需求等，确保实现空间站作为国家级太空实验室的应用目标，并着力在取得重大科学发现、实现载人运输系统升级换代、促进商业航天发展等方面有所突破。

同时，着眼世界载人航天发展趋势，放眼地月空间的战略意义，中国载人航天以加强能力建设为牵引，就载人月球探测实施方案开展了深化论证工作，形成了总体共识和初步方案，积极开展了新一代载人运载火箭、新一代载人飞船等飞行器方案设计和相关验证产品的研制试验工作，为中国载人航天从近地走向地月空间、进而走向深空奠定良好基础。

（中国载人航天工程办公室）

2019 年国外载人航天发展综述

　　2019 年是人类首次载人登月 50 周年，让人类的足迹再次踏上月球一直都是美俄等主要载人航天国家的发展目标之一。美国政府宣布要提前在 2024 年实现载人重返月球，航天发射系统（SLS）火箭、猎户座飞船、"门户"与载人月球着陆系统等稳步推进；俄罗斯加紧制定月球开发计划，并积极推动叶尼塞重型火箭研制；日本、欧洲等国家和地区积极参与美国的"门户"建设，希望借此实现其登月梦想。作为未来载人深空探索与地球科学技术的试验场，国际空间站发挥的作用更加明显，新的亮点与创新不断出现。美国商业载人运输能力发展遭遇挫折，未能实现首次商业载人航天飞行。

一、战略与规划

　　2019 年，美国、俄罗斯继续推进载人登月研究，引领国际载人航天发展；日本、加拿大与欧洲在推进自身载人航天建设的同时，积极参与国际合作；印度、土耳其、埃及等新兴载人航天国家则以实现载人航天飞行为目标发展相关能力。

　　美国副总统彭斯 2019 年 3 月发表演讲，强调美国将在 5 年内即 2024 年前首次把美国女航天员送上月球，并在月球表面建立永久性基地。随后，美国国家航空航天局（NASA）发布《飞向月球：NASA 月球探索战略计划》，将载人登月任务代号定为"阿尔忒弥斯"（Artemis），明确 2024 年前将追求速度尽快实现载人登月、2028 年后再进行月球基地建设与开发的两阶段实施方案。为此，

11

NASA 在 2020 财年预算的基础上追加 16 亿美元的研制经费，专门用于相关系统与技术的研发。此外，NASA 还于 10 月发布新版《2020 NASA 技术分类》，对 2015 年版《NASA 技术路线图》进行修订，推进未来技术的研发，以支持包括载人登月在内的各种探索目标。虽然美国载人登月未尝没有政治考量的因素，但通过登月，美国可继续引领国际载人航天的发展，提升美国商业航天工业的能力与水平，提高美国经济的竞争力，并为美国未来载人登陆火星提供强大的技术储备。

俄罗斯也十分重视载人航天及载人登月的发展。俄总统普京 4 月 12 日在纪念加加林首飞太空 58 周年暨俄罗斯航天日晚会上致辞，强调未来将继续发展下一代载人飞船和重型运载火箭，扩大深空探测及太空飞行计划，保持俄罗斯在太空领域的领先地位。俄罗斯国家航天集团公司向政府提交《关于探测月球、金星和火星》的可行性研究报告，计划 2030 年左右实现载人登月并开始月球基地建设，2035 年后全面完善月球基地，建成人类居住地，并在月球上开采资源与建立天体观测站。

欧洲航天局 11 月召开航天峰会，载人航天被确定为其四大支柱产业之一，将继续支持国际空间站运行，积极参与美国"门户"月球空间站项目，加速实施"月球村"构想；加拿大、日本、澳大利亚纷纷表态将为美国的"门户"空间站提供本国的模块或构件，并希望通过合作实现本国航天员的登月。印度在加紧准备首次载人航天飞行的同时，计划建设小型空间站并开展空间研究；阿联酋在实现首名阿联酋航天员进入太空后，又在积极准备派遣第二名阿联酋航天员进入太空；土耳其、沙特阿拉伯、埃及都希望仿效阿联酋，通过与俄罗斯的合作将本国首名航天员送入太空。

二、主要载人航天系统

1. 重型运载火箭稳步发展

重型运载火箭是实现载人登月与开发的前提与基础，因此美、俄、日都在积极发展重型运载火箭。

尽管 SLS 火箭研制进度多次滞后，美国国内也有改用其他火箭执行载人登月任务的呼声。但 NASA 仍高度重视 SLS 火箭的发展，坚持将 SLS 火箭作为执行登月任务的唯一火箭，已向波音公司提供初步经费，启动第三枚 SLS 火箭的生产，同时还将采购最多 10 枚 SLS 火箭，以确保该火箭未来的核心发展地位。SLS 火箭研制在 2019 年进展显著，先后完成首飞火箭芯级的研制、总装、地面测试及软件测试，为首飞做好各项准备。芯级的多次滞后一直是 SLS 火箭首飞一再推迟的主要原因之一，此次芯级的顺利总装将为 2020—2021 年首飞执行"阿尔忒弥斯-1"任务奠定基础。

俄罗斯则继续推进新型重型运载火箭的研制。俄罗斯国家航天集团公司 1 月将新型重型运载火箭正式命名为叶尼塞，10 月完成叶尼塞重型火箭的初始设计评审，该型火箭预计 2028 年首飞，为俄罗斯 2030 年载人登月提供支持。俄罗斯还在研制运载能力更强的顿河重型运载火箭，将帮助俄罗斯未来的月球基地建设。

为了支持未来的美国登月任务，日本三菱重工 10 月宣布将研制 H-3 重型火箭，将采用类似猎鹰重型火箭的方式直接捆绑三个一级助推器而成，可将 HTV-X 飞船或是月球着陆器直接发射至门户月球空间站，预计 2030 年前完成首飞。

2. 新一代飞船研制进展顺利

美俄的猎户座和雄鹰号飞船研制在 2019 年都有显著进展。用于"阿尔忒弥斯-1"任务的猎户座飞船在完成与欧洲服务舱总装后，先后实施发射中止系统飞行试验、推进系统试验、爆震冲击试验以及热真空测试，并开始与 SLS 火箭进行集成，为执行"阿尔忒弥斯-1"任务做好准备。

俄罗斯国家航天集团公司9月将俄下一代载人飞船——联邦号改名为雄鹰号，并明确该飞船将于2023年首飞、2025年执行国际空间站载人任务的详细计划。雄鹰号飞船未来将由叶尼塞重型火箭搭载执行载人登月等深空探索任务。

3. 航天员系统建设不断推进

在结束一年期双胞胎对比试验之后，NASA 2019年在《科学》杂志上发表文章公布初步研究结果。该对比试验对一名在国际空间站执行一年期任务的航天员进行了飞行前、中、后监测，并以他的同卵双胞胎兄弟作为遗传匹配的地面对照，通过纵向评估可以识别出一些太空飞行特定变化，以了解长期太空飞行对航天员健康的影响，为未来的长期载人深空探索任务准备提供了强有力的依据。

由于俄罗斯目前的航天员只能确保2024年前国际空间站载人任务，为实现未来的载人登月任务，俄罗斯6月启动新一批航天员的选拔工作，将选出4~6名新航天员，并希望选拔出女航天员。

美国的新型xEMU登月航天服及猎户座舱内航天服与俄罗斯的猎鹰-M新型舱外航天服都首次向公众展示，将为未来的载人探索活动及载人登月提供更强的生存条件、更灵活的操作与更舒适的穿着。

4. 美俄航天发射场加紧建设

为了更好地保障"阿尔忒弥斯"登月计划及后续的火星探索任务，NASA于6月启动肯尼迪航天中心探索地面系统的第二活动发射平台(ML-2)的设计与建造工作，ML-2主要用于为SLS 1B型火箭和猎户座飞船的组装提供电力、通信、冷却、推进剂等服务，为载人登月提供直接辅助。同时，ML-1于6月完成最后一次行驶测试，等待与SLS火箭进行集成以执行首次试飞任务。

俄罗斯于 8 月启动东方航天发射场的第二阶段建造工作，主要将建设安加拉系列运载火箭的发射台，以实现 2023 年安加拉火箭的发射。未来东方发射场还将建设重型运载火箭发射台，用于发射执行探月与探火任务的重型运载火箭。

三、国际空间站

2019 年是航天员进驻国际空间站 20 周年，截至 2019 年 11 月，共有 239 名航天员到访国际空间站，开展了数千项科学实验，在经济、科学、教育等领域取得了诸多成果。根据 NASA 公布的《国际空间站造福人类（第三版）》报告，由于具备独有的微重力环境和国际性与多学科的性质，国际空间站先后取得工程建设、国际合作、科学研究与经济发展四大成就，在科学、技术、教育、太空经济发展、创新技术等领域获得显著成效，极大地提高了人类的科学知识水平，改善了人类的健康状况，促进了先进技术的发展。

1. 新的突破与创新不断出现

2019 年，各国共向国际空间站发射 15 艘飞船，其中 6 次载人飞船任务（3 次载人任务、1 次机器人任务、2 次飞船试验任务），9 次货运飞船任务（5 次美国、3 次俄罗斯、1 次日本），运送 9 名航天员进驻国际空间站，先后开展了数百项科学实验任务，取得多项重大进展。

NASA 于 2 月在国际空间站成功安装世界首台兼具聚合物材料回收功能的空间 3D 打印机器人"再制造设施"，未来可形成天基按需制造物件，更换零部件、工具以及医疗器械的能力，将降低未来空间探索的成本和风险，实现空间可持续制造。8 月，俄罗斯首次发射 F-850 机器人航天员，在国际空间站完成数十项试验任务，俄罗斯将利用此次试验成果规划未来机器人航天员发展，以帮助开展载人深空探索。10 月，国际空间站上的两名女性航天员克里斯蒂娜·科赫和杰西卡·梅尔完成出舱任务，这是人类进行舱外活动 54 年来首次由全女性航天员完成的出舱活动。11 月，欧洲航天局完成 ANALOG－1 的试验，空间站上的航天员直接操作位于地面上(类似月球地形)的探测器进行地面采样任务，将为未来的月球探索验证可行性技术。

俄罗斯联盟 FG 运载火箭 9 月执行最后一次载人航天运输任务，将联盟 MS－15 载人飞船送上国际空间站。联盟 FG 运载火箭退役后，联盟 2－1a 运载火箭将于 2020 年承担首次载人航天发射任务，把联盟 MS－16 飞船送入太空。

2. 未来发展模式将更加多元

考虑到目前的技术状况，国际空间站可至少再运行 10 年，因此尽管目前还未达成正式协议，国际空间站延寿到 2028 年几乎可以确定。但对于国际空间站未来的发展模式，各方都有自己的考虑。美俄积极推进国际空间站的商业化运营，NASA 于 6 月发布《国际空间站商业规划》，作为 NASA 逐步将国际空间站向商业空间站过渡的远期构想的一部分，旨在扩大国际空间站的商业利用，让 NASA 腾出资源来实施载人登月等深空探索任务。俄罗斯则强调，未来国际空间站应允许私人公司参与运营，以减少国家投入；2 月还同美国太空旅游公司签署合同，计划 2021 年将太空游客送往国际空间站。欧洲航天局认为，国际空间站即使结束运营，也应当创建新的国际空间站对近地轨道继续进行探索和应用。

四、商业载人航天

美国商业载人运输能力 2019 年发展不顺，太空探索技术(SpaceX)公司的载人龙飞船和波音公司的星际客船未能实现年内载人航天飞行；SpaceX 公司的猎鹰重型运载火箭执行商业发射任务，技术进一步成熟；"超重-星船"等运输系统快速发展，将为未来深空探索提供动力。

1. 商业载人运输能力发展受挫

由于遭遇发动机事故等问题，SpaceX 公司的载人龙飞船和波音公司的星际客船都没有在 2019 年内实现载人轨道运输。SpaceX 公司 2019 年 3 月实现载人龙飞船的无人首飞，这是自 2011 年航天飞机退役以来，美国第一次使用自主研制的载人火箭和载人飞船从本土进行发射。但随后 4 月，载人龙飞船在进行逃逸系统测试时发生爆炸事故，导致整体进度严重推迟，首次载人飞行从 7 月推迟到 2020 年。而星际客船逃逸发动机系统在 2018 年 6 月的试验中出现故障，导致星际客船的进度也一再延迟，首次不载人试飞任务推迟到 12 月进行，并遭遇飞船计时器故障，导致飞船未能与国际空间站对接。此外，原定 2019 年实现亚轨道太空旅行的新谢帕德飞船也因为要确保人员安全等原因被推迟到 2020 年进行。

2. 新型商业运载系统进展顺利

SpaceX 公司的猎鹰重型火箭在 2018 年实现首飞之后，2019 年 3 月和 6 月分别完成首次商业发射和空军试验计划的发射，并首次实现了对一瓣整流罩的张网捕获，再次证明该型火箭的有效性与可靠性。除了猎鹰重型外，SpaceX 公司还在积极推进下一代超重-星船星际运输系统的研制，9 月公布系统的最新设计。该运载系统将取代其现役的猎鹰 9 和重型猎鹰火箭以及货运和载人龙飞船，将 150t 的货物或多达 100 人送上月球、火星和其他目的地，将为未来的深空探索提供强大的物质基础。

蓝源公司的新格伦火箭与联合发射联盟的火神火箭继续稳步发展，新格伦火箭 BE－4 发动机的生产工厂开始建造，2020 年开始将为新格伦火箭与火神火箭每年提供数十台 BE－4 发动机。联合发射联盟开始将宇宙神、德尔它火箭的生产设施向生产火神火箭转变，以实现 2021 年首飞的目标。内华达山脉公司的追梦者飞船通过 NASA 的关键评估后，已经完成首艘飞船主体结构的组装，

17

将于 2021 年执行首次国际空间站货运补给任务。未来该公司还将推出载人版追梦者飞船，跻身商业载人航天市场。

五、深空探索

随着美国"阿尔忒弥斯"计划的加速实施，门户空间站各模块加快建设，其他国家也更加关注月球探测，而以火星、小行星等为目标的无人深空探测的热度持续升温。

1. 门户月球空间站与载人月球着陆系统进展顺利

由于"门户"和载人月球着陆系统在"阿尔忒弥斯"计划中将充当重要的角色，因此在美政府明确 2024 年登月的目标之后，NASA 迅速调整建设方案，充分利用美国的商业航天能力，加速推进各个模块的建设。为尽快实现载人登月，NASA 只要求建设一座"最简版"的门户空间站，只包括推进舱和"迷你居住舱"两个舱段；这两个舱段加上 SLS 火箭和猎户座飞船以及月球着陆器，将能帮助实现 2024 年载人登月。5 月，NASA 选定由麦克萨技术公司研制其月球"门户"的"电力与推进组件"，为"门户"提供电力与推力。7 月，选定诺斯罗普·格鲁门公司为"门户"建造居住舱，将以天鹅座货运飞船为基础进行改进。9 月，NASA 发布载人登月着陆器的招标文件，该登陆器由转移级、下降级和上升级组成，转移级将运送航天员从"门户"到近月轨道，下降级将携带航天员着陆月球表面，上升级将携带航天员返回"门户"。NASA 将选出两家公司，分别承担 2024 年和 2025 年载人登月着陆器系统的研制。

2. 无人深空探测热度不减

除月球外，各航天机构还针对火星、水星、木星等太阳系行星实施或启动无人探索项目。日本隼鸟 2 号小行星探测器在龙宫小行星表面实施首次采样任务，并进行撞击试验，在撞击坑中采集"新鲜"样品，用于太阳系演化和生命起源的研究。对于火星探测，NASA 机遇号巡视器在完成近 15 年的工作后于 2 月正式关闭，机遇号巡视器是 NASA 第二代火星巡视探测器，是在火星表面运行时间最长、行驶距离最远的探测器，在探索过程中发现了火星上曾存在地表水和大量水资源的证据，为科学家了解火星的地质形成过程提供了巨大帮助。NASA 还将于 2020 年再发射火星 2020 探测器继续探索火星，为未来的载人登陆火星做好准备。

2019 年，"阿尔忒弥斯"任务极大地促进了美国乃至世界的载人登月步伐，SLS 火箭、猎户座飞船、门户月球空间站、载人月球着陆系统的研制稳步推进；国际空间站发挥的科学试验与研究作用更加明显，新的创新层出不穷；载人龙飞船和星际客船虽然完成未载人首飞试验，但未能实现载人首飞任务；叶尼塞重型火箭、超重-星船星际运输系统研制不断加速，将为未来的深空探索提供更多的可能。展望 2020 年，美国的载人龙飞船和星际客船将完成首次商业载人飞行，美国从此将再次拥有本土运输航天员进入空间的能力；俄罗斯将完成叶尼塞重型火箭的详细设计评审并向国际空间站发射"科学"多功能舱，国际空间站功能将更加强大；更加先进的火星 2020 探测器将登陆火星，实现更大范围的火星探测，世界载人航天将呈现出更加欣欣向荣的局面。

（军事科学信息研究中心）

2019 年国外载人航天运载器发展综述

2019 年，全球共进行了 103 次航天发射，载人航天发射活动共 15 次（见表 1），保持近年来的平均水平。为确保载人航天的可持续发展，各主要航天大国积极推进下一代载人火箭的规划和研制工作。美国确定 2024 年重返月球，提出"阿尔忒弥斯"计划，SLS 重型火箭研制进一步提速，商业载人运输系统进入验证阶段。俄罗斯积极规划未来载人火箭及登月，日本和印度在新型运载器研制方面取得一定进展。

表 1　2019 年载人航天活动发射情况

序号	国家	运载器	发射日期	有效载荷	发射结果	发射场
1	俄罗斯	联盟 FG	2019.3.15	联盟号 MS－12 载人飞船	成功	拜科努尔
2			2019.7.21	联盟号 MS－13 载人飞船	成功	拜科努尔
3			2019.9.25	联盟号 MS－15 载人飞船	成功	拜科努尔
4		联盟 2－1a	2019.4.4	进步号 MS－11 货运飞船	成功	拜科努尔
5			2019.7.31	进步号 MS－12 货运飞船	成功	拜科努尔
6			2019.8.22	联盟号 MS－14 载人飞船	成功	拜科努尔
7			2019.12.6	进步号 MS－13 货运飞船	成功	拜科努尔

续表

序号	国家	运载器	发射日期	有效载荷	发射结果	发射场
8	美国	猎鹰 9	2019.3.2	载人龙飞船	成功	卡纳维拉尔角
9			2019.5.4	载货龙飞船	成功	卡纳维拉尔角
10			2019.7.26	载货龙飞船	成功	卡纳维拉尔角
11			2019.12.5	载货龙飞船	成功	卡纳维拉尔角
12		宇宙神 5 N22	2019.12.20	星际客船（CST‒100）	成功	卡纳维拉尔角
13		安塔瑞斯 230	2019.4.17	天鹅座货运飞船	成功	沃勒普斯
14			2019.11.2	天鹅座货运飞船	成功	沃勒普斯
15	日本	H‒2B	2019.9.25	HTV‒8	成功	种子岛

一、任务执行情况

2019 年，在国际空间站项目下，国外载人航天领域开展了 3 次载人飞行、9 次货运飞行、3 次载人运输系统验证。载人飞行任务均围绕国际空间站(ISS)任务开展，由俄罗斯的联盟 FG 火箭搭载联盟号载人飞船完成；货运任务由俄(3 次)、日(1 次)和美国私营部门(5 次)承担。参与国际空间站发射的火箭包括联盟 FG、联盟 2‒1a、猎鹰 9、安塔瑞斯 230 和日本 H‒2B。

(一)俄罗斯联盟 FG 载人火箭退役

2019 年国际空间站 3 次载人发射任务依旧由联盟 FG 火箭包揽。分别于 3 月 15 日、7 月 21 日和 9 月 25 日，将 9 名航天员送往国际空间站，为联盟 FG 火箭的载人时代画下了完美的句号。联盟 FG 火箭专为载人发射任务而设计，自 2001 年投入使用以来，共执行 70 次发射，其中 60 次为载人和货运飞船发射，10 次携带弗雷盖特上面级执行卫星发射。除 2018 年发射联盟 MS－10 飞船失败一次外，其余均获成功，成功率 98.57%。

自 2020 年起，俄罗斯将使用联盟 2－1a 火箭运送航天员。联盟 2－1a 火箭是两级捆绑液体火箭，近地轨道运载能力 7.5t，与联盟 FG 火箭相比，除了在利用现代化数字系统方面的改进外，最大的区别就在于全箭使用俄制元件，而联盟 FG 火箭的控制系统则采用了乌克兰元件。受政治环境影响，俄罗斯已于 2019 年 11 月彻底停止使用采用乌克兰配套元件的火箭，最后一枚是用于执行信使号通信卫星发射的隆声号火箭。

联盟 2－1a 火箭于 2004 年 11 月投入使用，已执行 18 次轨道飞行任务，其中 1 次搭载进步号飞船发射任务失败。为了顺利接棒载人任务，验证联盟 2－1a 火箭发射载人飞船的安全性，俄罗斯于 2019 年 8 月 22 日利用联盟 2－1a 火箭发射了一艘未载人的联盟 MS－14 载人飞船，将人形机器人送往空间站，这是俄罗斯第一次使用联盟 2－1a 火箭发射载人飞船，此前该箭只用于发射货运飞船和卫星。而其首次载人任务计划于 2020 年 4 月进行。

（二）美商业补给服务进入第二阶段

2019 年，美国共执行 5 次商业补给服务。其中，SpaceX 公司的猎鹰 9/龙系统通过 3 次任务将约 7.8t 物资送往国际空间站，诺·格公司的安塔瑞斯/天鹅座通过 2 次任务将约 7.14t 物资送往国际空间站。值得一提的是，诺斯罗普·格鲁门公司在本年度完成了第一阶段商业补给服务（CRS－1），并开启了第二阶段商业补给服务（CRS－2）。

CRS－1 合同于 2008 年授出，随后两次追加，SpaceX 公司和轨道科学公司分别获得 20 次及 10 次的发射任务。CRS－2 合同在 2016 年正式授出，由 SpaceX、轨道 ATK（由诺·格公司并购）、内华达山脉 3 家企业获得，旨在 2019 年至 2024 年间执行任务，每家将为该项目提供至少 6 次的国际空间站货运服务。

为满足 CRS－2 任务的要求，诺斯罗普·格鲁门公司在新一轮服务中正式投入使用改进型安塔瑞斯 230 火箭，该型火箭在原安塔瑞斯 230 火箭基础上增加了一子级的结构强度。一子级 RD－181 发动机不需在最大动压期间调低推力，使其可以在近 200 秒的燃烧过程中保持全推力。并且，通过减轻火箭质量，采取将天鹅座飞船部署至稍低轨道等方案，使火箭的近地运载能力增加了约 0.8t，达到 8.2t。

此外，SpaceX 公司也将于 2020 年的第二次龙飞船发射任务中开启执行第二阶段商业补给服务。而内华达山脉公司也于近年通过了 NASA 的综合评审里程碑，研制进度符合 NASA 第二阶段商业补给服务（CRS－2）的规定，将在 2021 年使用火神火箭发射"追梦者"执行首次国际空间站的商业补给服务。

（三）日本发射第八艘 H－2 转移飞行器

2019 年 9 月 25 日，日本在种子岛航天中心利用 H－2B 运载火箭成功发射了 H－2 转移飞行器（HTV－8）货运飞船。这是 H－2B 火箭第 8 次发射，也是日本 2009 年以来第 8 次发射 HTV 货运飞船。本次发射原计划 9 月 11 日进行，但当天的发射因射前几小时发射台发生火灾而取消。H－2B 火箭主承包商三菱重工 9 月 20 日发布消息称，发射台着火的原因是推进剂加注过程中有液氢液氧滴在了发射平台的隔热材料上，随后，静电引燃隔热材料。为此，在隔热材料上贴上了铝板防止静电产生。

HTV 飞船于 2009 年首次发射，是日本宇宙航空研究开发机构（JAXA）研制的一次性使用货运飞船，用于向国际空间站运送货物并携带空间站垃圾再入大气层烧毁。HTV 飞船全长约 10m，直径约 4.4m，呈圆筒形，重 16.5t，运载能力约 6t。本次 HTV - 8 飞船搭载的货物包括锂离子蓄电池、实验设备、出舱设备、机组给养物和 3 颗小卫星，都部署至国际空间站上。

(四)印度发射月船 2 号月球探测器

2019 年 7 月 22 日，印度使用 GSLV 火箭成功发射月船 2 号月球探测器，该探测器用于执行印度探月任务。

"月船 2 号"项目总耗资约 1.2 亿美元。探测器重达 3.8t，包括轨道器、着陆器和月球车 3 个模块，携带 10 多个各类研究装置。本次发射的"月船 2 号"原计划飞行两个月，然后在距月球表面 100km 的圆形轨道上定位后，在月球南极附近的表面进行软着陆。但实际任务中"月船 2 号"尝试软着陆失败，最终在距离指定着陆点 500m 范围内区域"硬着陆"，并与地面失去了联系。

二、新型载人运载器项目进展

(一)美国

2019 年，美国加速重返月球计划，从原计划 2028 年提前至 2024 年，并将载人登月任务命名为"阿尔忒弥斯"。该计划预计花费 200 亿~300 亿美元，主要是研制 SLS/猎户座运输系统以实现近地轨道以远区域的探索，后续在 21 世纪 30 年代开展载人火星探测任务。

1. SLS 重型火箭研制提速

为了保证深空探索计划顺利实施，NASA 开始加速推动 SLS 重型火箭的研制，采用水平操作方式装配芯级发动机段。目前，SLS 项目正处于系统装配、集成与试验和发射阶段，首飞箭的芯级已经完成装配。在芯级准备工作全部完成之后，NASA 将组织在斯坦尼斯航天中心 B - 2 试车台进行芯级动力系统试车，为首飞做准备。NASA 还与波音公司签订了后续 10 枚芯级的研制合同。为演练试车、总装、发射等环节，NASA 利用芯级的模拟件(尺寸、质量相当的金属结构)在肯尼迪航天中心和斯坦尼斯航天中心演练流程、验证火箭和设施间的匹配性。

SLS 重型火箭将全程参与"阿尔忒弥斯"登月计划。将在 2020—2021 年执行"阿尔忒弥斯-1"任务，即 SLS/猎户座系统的首次无人试飞；2022 年执行"阿尔忒弥斯-2"任务，实现猎户座飞船载人绕月飞行测试；2024 年执行"阿尔忒弥斯-3"任务，实现载人登月；2025—2027 年，每年执行 1 次"阿尔忒弥斯"载人登月任务，2028 年执行 2 次"阿尔忒弥斯"载人登月任务，以在月球表面部署基础设施，实现人类在月球表面的长期可持续探索。

2. 商业载人运输系统进入最终验证阶段

自 2010 年起，NASA 依托商业乘员计划(CCP)，向工业界累计授出超过 82 亿美元合同，旨在利用私营航天力量为美国提供安全、可靠、低成本的载人运输系统。2019 年，SpaceX 公司和波音公司的商业载人运输系统项目分别完成了无人搭载的飞行试验，进入到最终验证阶段。

2019 年 3 月 2 日，SpaceX 公司的猎鹰 9 火箭搭载载人型龙飞船发射升空。本次任务代号 Demo-1，是猎鹰 9/龙系统在 NASA 商业乘员计划下进行的首次无人轨道测试，也是 8 年来，美国第一次使用自主研制的载人火箭和载人飞船从本土进行发射。任务的成功标志着美国向再次拥有载人发射能力迈进了坚实的一步。此次任务后，SpaceX 公司计划开展飞行中止试验和载人试飞(Demo-2)。然而，此次任务中使用的龙飞船在 4 月于卡纳维拉尔角进行的静点火试车准备期间被毁。经查，事故可能是由于飞船的止回阀失效造成的。飞行中止试验于 2020 年 1 月开展，载人试飞则最早在 2020 年 5 月进行。

12 月 20 日，波音公司使用宇宙神 5 N22 火箭进行了星际客船的无人试飞。任务中宇宙神 5 N22 火箭首次采用双发动机的半人马座上面级。采用双发动机半人马座上面级的目的是使飞行轨迹更为平滑，可使任务中止时和再入时的过载更小，避免在北大西洋进入黑障区。任务中飞船携带了一个名为"罗茜"的仿人实验装置和 270kg 的货物，原计划 12 月 21 日到达国际空间站，并进行对接。但由于飞船计时出错，产生 11 小时的偏差，致使飞船进入错误轨道，未能实现与国际空间站对接的目标。飞船于 22 日顺利返航，在位于新墨西哥州白沙导弹靶场的白沙航天港着陆。波音公司将对着陆后的飞船进行整修，预计首次载人试飞将使用另一艘飞船，时间由 NASA 决定，搭载的航天员为迈克·芬克和妮可·曼以及波音航天员克里斯·弗格森。

3. 火神火箭将发射追梦者货运飞船

火神运载火箭是美国联合发射联盟（ULA）于 2015 年开始研制的，计划用于接替宇宙神 5 系列火箭和德尔它 4 系列火箭。ULA 在 2019 年 8 月宣布：火神/半人马座火箭首飞任务定在 2021 年初夏，将执行太空机器人公司游隼号月球着陆器发射任务；第二次任务定在 2021 年下半年，将为内华达山脉公司发射追梦者货运飞船。

火神/半人马座火箭为两级构型，采用半人马座上面级。一子级采用 2 台蓝源公司 BE-4 发动机，半人马座上面级采用 2 台航空喷气–洛克达因公司的 RL-10 发动机。火箭 LEO 运载能力 27.2t，GTO 运载能力 14.4t。

ULA 计划在 2023 年推出运载能力更大的火神/ACES 火箭。该火箭采用先进低温渐进级（ACES）代替半人马座上面级，运载能力达到德尔它 4H 火箭水平。ACES 上面级直径 5m，采用超轻贮箱，推进剂为液氧和液氢，具有多次点火能力。ACES 上面级还将凭借集成火箭流体技术，将在轨工作时间延长至数周。

在可重复使用技术方面，ULA 希望能在 2024 年实现部分可重复使用技术，并提出了敏感模块自主返回技术项目（SMART），开展火神一子级发动机回收技术研究工作。除一子级发动机外，ULA 未来还打算回收其他火箭组件。

4. SpaceX 公司的超重–星船星际运输系统

超重–星船星际运输系统旨在用于未来火星移民，计划最早将在 2022 年实现该系统的首次无人火星飞行，2024 年实现首次载人火星飞行。

"超重–星船"的设计方案经过三次重大的修改，根据 2019 年的最新方案，该系统设计具备将 100t 以上的有效载荷送入近地轨道的运载能力，并能够从轨道向地球运回 50t 的载荷，能将 100 人送往月球、火星或其他遥远目的地。

系统采用"火箭级＋飞船级"的设计，全箭高 118m，起飞质量 5000t，起飞推力 7400t。"超重"火箭级高 68m，直径 9m，推进剂加注量为 3300t，设 4 个栅格舵，并设 6 个固定尾翼兼着陆支腿。最多配备 37 台猛禽发动机，发动机数量可根据任务需要调整，最少 24 台。"星船"飞船级高 50m，直径 9m，推进剂加注量为 1200t，采用 6 台猛禽发动机，采用双鸭翼＋双尾翼，设 6 个可伸缩着陆支腿。迎风面防热采用防热瓦设计。

SpaceX 公司计划通过"跳跃者"缩比试验飞行器、MK－1 至 MK－5 原型机逐步对"星船"技术进行验证。2019 年开展了 2 次系留热试车和 2 次试跳，"跳跃者"实现了垂直起飞、短距离平移和垂直降落，飞行高度达 150m。但其第一艘"星船"全尺寸原型机 MK－1 在 11 月进行的测试中发生了爆炸。原型机 MK－2 的研制也暂时搁置。

（二）俄罗斯

2018 年年初，普京曾颁布总统令，宣布研制重型运载火箭，并提出到 2030 年实现载人登月。2019 年，俄罗斯国家航天集团公司向政府提交的报告中明确了计划在 2030 年左右实现载人登月，2035 年后全面建设月球基地。为实现这一目标，俄罗斯规划安加拉载人型火箭，并推进重型火箭方案的制定。

1. 安加拉载人型火箭完成方案设计

俄罗斯近期完成了拟用于发射新型雄鹰号载人飞船(原名为联邦号)的安加拉 A5P 火箭方案设计。

俄罗斯国家航天集团公司在 2015 年曾授予赫鲁尼切夫国家航天科研生产中心一份价值约为 324 亿卢布(约合 4.3 亿美元)的合同，用于研制载人型安加拉 A5P 运载火箭，2021 年完成火箭首飞，并用于雄鹰号载人飞船的发射。但 2017 年 5 月，国家航天集团公司时任总经理卡马洛夫宣布改用联盟 5 火箭发射联邦号载人飞船，而 2019 年 9 月初，国家航天集团公司现任总经理罗戈津宣布，重新启用安加拉 A5P 火箭发射该飞船。业内人士称，采用在研联盟 5 火箭发射载人飞船会导致其结构更复杂、造价更高，失去市场竞争力，且载人设计也需要采取大量措施将其运载能力提高。

"安加拉 A5P"是"安加拉 A5"的衍生型号。"安加拉 A5"基本结构为通用芯级+直径为 3.6m 的通用二子级+微风 M 上面级/KVTK 上面级，并捆绑 4 个通用芯级作为助推器，已于 2014 年完成首飞。而"安加拉 A5P"的最初设计是在"安加拉 A5"的基础上去掉二子级和三子级，配备发射终止系统，近地轨道运载能力为 18t。与"安加拉 A5"相比，其冗余程度、可靠性和安全性更高，可满足发射载人航天器的设计要求。

2. 重型运载火箭方案初步确定

经过多年的论证工作后，俄罗斯国家航天集团公司在 2019 年 10 月完成重型火箭的初步设计方案，计划分阶段研制叶尼塞和顿河重型火箭。其中，叶尼塞火箭起飞质量 3167t，近地轨道运载能力 100t，顿河火箭起飞质量 3281t，近地轨道运载能力 140t。两型重型火箭将基于在研的联盟 5 和联盟 6 中型运载火箭，通过捆绑的形式达到重型火箭的规模。而联盟 5 和联盟 6 火箭则是基于 RD－180 和 RD－171 发动机的改进型号，充分利用已有的技术基础。俄罗斯计划在 2020 年启动重型火箭的技术方案设计工作，2028 年执行叶尼塞火箭的首飞。

（三）日本

2019 年 10 月，日本政府决定参与 NASA 的"阿尔忒弥斯"登月计划，开展月球基地建设以及火星探索任务。

为了支持这项决策，日本最大的火箭制造商三菱重工表示，将对在研 H－3 火箭和 HTV－X 飞船进行改进，分两步实现 2025 年前向月球运送货物的计划。第一步，需要执行两次 H－3 火箭发射任务来完成货物运输。第一次发射把 HTV－X 飞船发射到近地轨道上，第二次发射把一个带有更大贮箱的上面级发射到近地轨道，与 HTV－X 飞船对接并将其推向月球轨道。这种方式可以将 3.4t 的增压货物和 1t 的非增压货物送入月球轨道。第二步，仅需要一次发射就可实现月球轨道货物运输，发射由 H－3 重型火箭承担。该火箭捆绑两枚芯级作为助推器，可直接将月球着陆器送入月球轨道。

H－3 基本型火箭从 2013 年 5 月开始研发工作，其目标是通过继承 H－2A/2B 运载火箭技术，提高运载能力，降低发射价格，采用两级加捆绑构型，芯一级直径 5.2m，采用 2 台或者 3 台 LE－9 低温氢氧发动机，二子级采用 1 台 LE－5B－3 低温氢氧上面级发动机。H－3 火箭可以捆绑 2 枚或者 4 枚 SRB－3 固体助推器，或者不捆绑助推器，GTO 轨道运载能力为 7.9t。2019 年，日本 H－3 火箭的 SRB－3 固体助推器完成地面试车，芯级采用的 LE－9 发动机完成了第四次试车。H－3 火箭有望在 2020 年首飞，并计划在 2021 年将 HTV－X 货运飞船发射到国际空间站。

（四）印度

2019 年，印度空间研究组织（ISRO）载人航天任务获得了 1000 亿卢比（约合 14.24 亿美元）的政府预算支持。用于载人火箭和载人飞船的研制经费超过 50%，飞行员选拔训练及相关设施建设将占用 10% 的经费。另外，还有很大一部分经费将用于建设新的载人发射工位。

ISRO 计划利用 GSLV－MK3 火箭和名为 Gaganyaan 的载人飞船来执行未来载人航天任务。"GSLV－MK3"是印度目前最大的运载火箭，近地轨道运载能力约为 8t，2017 年 6 月 5 日成功首飞。ISRO 表示，印度载人火箭可靠性要达到 0.99，乘员逃逸系统的可靠性要达到 0.998。其中，乘员逃逸系统已经在 2018 年 7 月进行了一次发射台逃逸试验。印度新型载人飞船发射质量为 7.8t，可以搭载 3 名航天员。

ISRO 初步计划制造 3 艘载人飞船，并为其制造 3 枚 GSLV－MK3 火箭。其中前 2 艘飞船开展不载人飞行试验，分别计划在 2020 年 12 月和 2021 年 6 — 7 月进行。第 3 艘飞船正式载人飞行，计划在 2021 年年底或 2022 年年初进行。

三、小结

2019 年，各国深空探测热点目标依然聚焦月球。美国宣布加速重返月球计划，将登月时间由 2028 年提前至 2024 年，欧洲、日本有意参与合作。俄罗斯提出 2030 年左右实现载人登月，2035 年后全面建设月球基地。各主要航天国家赋予载人月球探测极高的战略和政治意义。为了支撑探索目标，各国积极规划下一代载人运载器的发展。

在载人运输系统方面，SpaceX 公司的猎鹰 9/龙和波音公司的星际客船商业载人运输系统进入到最终验证阶段，分别执行了系统的无人试飞。美国政府主导研制的重型运载火箭 SLS，历经 9

年的研制，终于进入了首飞箭的系统装配、集成与试验阶段，有望于 2020 或 2021 年首飞。俄罗斯的未来载人运载器和重型火箭仍处于方案设计阶段，总体仍遵循基于模块化、通用化和渐进式发展的思路，尽可能利用成熟或现有的技术储备。日本、印度均计划在现有型号上进行改进，以实现载人能力。

（北京航天长征科技信息研究所）

2019 年国外载人航天器发展综述

2019 年，全球载人航天领域共实施 15 次发射任务，包括 6 次载人飞船发射任务，9 次货运飞船发射任务。其中，俄罗斯发射了 4 艘联盟号 MS 飞船、3 艘进步号 MS 飞船；美国商业航天公司开展了 2 次载人飞船无人飞行试验，并利用龙飞船、天鹅座飞船等货运飞船提供了 5 次商业补给服务；日本成功发射了 1 艘 HTV 飞船。

世界载人航天在 2019 年呈现出新的发展气象。在战略政策方面，美国发布了《NASA 近地轨道商业开发计划》，旨在扩大国际空间站的商业应用，将国际空间站更多地向商业企业开放；美国国家航天委员会第五次会议提出加速推动载人重返月球计划，要在未来五年内（即 2024 年前），从美国本土利用美国运载火箭将美国航天员送上月球。在任务执行方面，俄罗斯、美国、日本主要围绕国际空间站开展载人航天活动，俄罗斯利用联盟号 MS 飞船、进步号 MS 飞船进行常态化的乘员和货物运输服务；美国通过龙飞船、天鹅座飞船等商业货运飞船提供商业补给服务；日本利用 HTV 飞船执行货运任务。在空间应用方面，各国在国际空间站这一大型在轨试验平台上，开展了生物学和生物技术、人体研究、物理学和材料科学、对地观测与空间科学、技术开发与验证、教育活动与推广等多种类型的应用。在载人航天商业化方面，商业载人飞船研制取得突破性进展，SpaceX 公司成功开展载人龙飞船无人飞行试验，在波音公司星际客船无人飞行试验任务中，飞船因计时器故障未能入轨，经紧急处置后进入稳定轨道，随后成功返回，这两型飞船预计 2020 年投入服务；内华达山脉公司的追梦者飞船进入生产阶段，计划 2021 年完成总装和测试；美国第一阶段商业补给服务合同已进入尾声，逐步启动第二阶段合同。此外，NASA 延长国际空间站上的毕格罗可展开活动舱（BEAM）的工作寿命至 2028 年，同时还起草了支持商业空间站发展的征求意见书。在月球探测系统设计开发方面，美国推进猎户座飞船研制，并加紧月球门户空间站、月球着陆器的研制工作，俄罗斯推进雄鹰号飞船研制，满足未来载人月球探测任务需求。

一、各国围绕国际空间站开展空间活动

（一）国际空间站应用效益显著，美俄正在推动其延期运行

国际空间站作为全球最大的在轨航天器，已在轨运行超过 20 年，在空间应用领域取得了众多成果。首先，国际空间站作为一个教育平台，鼓励、激励、推动年轻一代从事科学和工程领域的工作；其次，提高人们在人体生理学、生物学、材料和物理科学方面的认识，并将这些认识转化成对健康、社会经济效益和环境有益的成果；最后，国际空间站上开展的人体学、辐射、材料科学和工程领域的研究成果可应用于未来低地球轨道以远的载人探索任务中。2019 年 6 月，美国发布了《NASA 近地轨道商业开发计划》，旨在扩大对国际空间站的商业应用，通过明确国际空间站商业使用和定价政策、推动私人航天员任务、在空间站上安装商业设施、征集可持续的研究方案、预测长期近地轨道能力需求等多种方式，将国际空间站进一步向商业企业开放，推动近地轨道载人航天活动蓬勃发展。

由于国际空间站的巨大应用效益，美俄均计划保持其载人航天活动在近地轨道的持续存在，已确定将国际空间站延期运行至

2024 年，并正在研究进一步延长其工作寿命的可能性。此前，NASA 提出 2025 年后将国际空间站移交商业运营。2019 年，美国参议院议员约翰·科宁和加里·彼得斯联合提出《推动载人航天法案》，旨在将国际空间站使用时间从 2024 年延至 2030 年，同时要求从国际空间站过渡，开展在地球轨道或以远建设其他载人空间设施和生保系统的相关研究。

国际空间站超期服役，在增加综合应用效益的同时，也增大了系统维护的负担，故障增多的问题值得后续关注。2019 年 8 月 24 日，在联盟号 MS－14 飞船与国际空间站搜索号（Poisk）迷你研究舱-2 最后对接阶段，飞船在距离空间站约 90m 处悬停，自动交会对接系统无法锁定对接目标，传回的实时视频显示飞船姿态出现明显晃动，俄罗斯专家判断自动对接失败。俄方采取一系列紧急处置措施，把对接口改为星辰号（Zvezda）服务舱并成功对接。专家判断事件由"航向"自动交会对接系统故障造成，俄方航天员事后检查系统发现，第 705 号电缆处于完全脱落的状态，将电缆重新连接后系统运行正常。在此次事件中，俄罗斯国家航天集团公司还成立了专门小组，对国际空间站俄罗斯所有舱段的现状进行全面评估，包括站上的所有组件及设备，确定哪些可用，是否有备用件及如何研制。美方也计划对其所有舱段进行全面检查，这些评估结果将直接影响国际空间站是否可以在 2024 年以后延期工作。

（二）俄罗斯联盟号飞船持续为国际空间站运送航天员

俄罗斯联盟号飞船是目前国外唯一服役的载人飞船，在向国际空间站运输乘员方面发挥了不可替代的关键作用。2019 年，俄罗斯共发射了 4 艘联盟号 MS 飞船。

2019 年 3 月 15 日（莫斯科时间 3 月 14 日），俄罗斯在拜科努尔航天发射场第 1 发射台用联盟 FG 运载火箭成功将联盟号 MS－

12 载人飞船发射进入预定轨道，飞船经过约 6 小时飞行后成功与国际空间站对接。飞船搭载了 3 名航天员，分别是俄罗斯籍阿里克谢·奥夫钦宁、美国籍尼克·黑格、克里斯蒂娜·库克。

2019 年 7 月 21 日，俄罗斯在拜科努尔航天发射场用联盟 FG 运载火箭成功将联盟号 MS－13 载人飞船发射进入预定轨道，飞船绕地球飞行 4 圈后成功与国际空间站对接。飞船搭载 3 名航天员，分别是俄罗斯籍亚历山大·斯科沃佐夫、意大利籍卢卡·帕尔米塔诺和美国籍安德鲁·摩根。本次任务原定于 2019 年 7 月 6 日发射，随后 NASA 向俄方申请推迟 2 周发射，并将任务周期延长 2 个月，从原定的 2019 年 12 月延长至 2020 年 2 月返回。此举意在保证国际空间站美国舱段有 3 名美国航天员，而非仅有 1 名航天员值守。

2019 年 8 月 22 日，俄罗斯在拜科努尔航天发射场利用联盟 2－1a 运载火箭成功将联盟号 MS－14 载人飞船发射进入预定轨道。飞船与空间站首次交会对接异常中止，原因是国际空间站搜索号迷你研究舱－2 上"航向"自动对接系统故障。俄方采取紧急处置措施，站上航天员手动操纵联盟号 MS－13 飞船，从星辰号服务舱分离并重新对接到搜索号迷你研究舱－2 上，联盟号 MS－14 飞船与空出的星辰号服务舱自动对接。此次任务为联盟号 MS 飞船与联盟 2－1a 火箭首次结合后的无人试验飞行任务，飞船搭载了俄罗斯首个人形机器人——天空机器人 F－850（Skybot F－850）。

2019 年 9 月 25 日，俄罗斯在拜科努尔航天发射场用联盟 FG 运载火箭成功将联盟号 MS－15 载人飞船发射进入预定轨道，飞船经过近 6 个小时飞行后成功与国际空间站对接。飞船搭载了 3 名航天员，分别是俄罗斯籍奥列格·斯克利波奇卡、美国籍杰西卡·迈尔和阿联酋籍哈扎·曼苏里。哈扎·曼苏里是阿联酋的首位航天员，在国际空间站驻留 8 天后乘坐联盟号 MS－12 飞船返回地球。这次任务也是联盟 FG 运载火箭的最后一次飞行任务，以及拜科努尔航天发射场第一发射台（加加林发射台）最后一次常规发射任务。后续，俄罗斯计划利用联盟 2－1a 运载火箭从第 31 号发射台执行载人飞船发射任务。

（三）俄罗斯进步号货运飞船实施 3 次补给任务

进步号飞船是俄罗斯研制的货运飞船，目前发展的最新型号是进步号 MS 飞船。2019 年，进步号 MS 飞船共执行 3 次国际空间站货运补给任务。

2019 年 4 月 4 日，俄罗斯在拜科努尔航天发射场第 31 号发射台利用联盟 2－1a 运载火箭成功发射进步号 MS－11 货运飞船，飞船采用两圈超短程飞行模式，创造了当时与国际空间站最快交会对接纪录（3 小时 21 分钟）。进步号 MS－11 货运飞船载有超过 2700kg 货物，包括 1400kg 干货物、900kg 推进剂、420kg 水以及 47kg 压缩气体，货舱内载有科学设备、生命保障系统配套组件以及食品箱和航天员所需的衣物、药物及个人卫生用品。

2019 年 7 月 31 日，俄罗斯在拜科努尔航天发射场利用联盟 2－1a 运载火箭成功发射进步号 MS－12 货运飞船，并再次刷新与国际空间站最快交会对接纪录（3 小时 19 分钟）。本次任务是第三次、也是最后一次超快速交会对接模式飞行验证，随后俄方将固化系统状态，并计划进一步在载人飞船上应用该模式，提升航天员飞行体验。进步号 MS－12 货运飞船载有超过 2670kg 货物，包括 1200kg 干货物、超过 1000kg 推进剂、420kg 水以及 50kg 压缩气体。

2019 年 12 月 6 日，俄罗斯在拜科努尔航天发射场利用联盟 2－1a 运载火箭成功发射进步号 MS－13 货运飞船。由于美国龙飞船在进步号 MS－13 飞船任务前一天发射，为避免对接任务干扰，此次任务没有采用此前的 6 小时快速交会对接模式，而是采用 72 小时交会对接模式，对接在国际空间站码头对接舱上。此次发射的进步号 MS－13 货运飞船载有超过 2487kg 货物，包括 1367kg 干货物、超过 650kg 推进剂、420kg 水以及 50kg 压缩气体。

（四）日本 HTV 飞船开展一次大载货量补给

日本 HTV 货运飞船是 JAXA 研制的一次性货运飞船，也是国外载货能力最大的现役货运飞船，仅次于中国的天舟货运飞船。2009 年 9 月至今，日本已向国际空间站成功发射了 7 艘 HTV 货运飞船，累计运送超过 37t 货物。

2019 年 9 月 25 日，日本宇宙航空研究开发机构从种子岛航天中心利用 H－2B 火箭成功发射 H－2 轨道转移飞行器-8（HTV－8）货运飞船。HTV－8 飞船原定于 2019 年 9 月 11 日发射，发射前约 3 个半小时，发射台底部附近起火，火情持续近 2 小时，此类事故在 HTV 任务中是首次发生。调查结果显示起火很可能是由静电引发，发射平台内的富氧环境加剧了火势。HTV－8 搭载货物共计 5.3t，包括空间站备件、实验器材、食品和生活用品等。HTV－8 飞船是倒数第二艘 HTV 型号飞船，随后日本计划采用 HTV－X 型号飞船执行补给任务。

二、商业载人航天取得里程碑进展

美国大力推进载人航天商业化发展，目前商业货物运输已经成熟，SpaceX 公司和诺斯罗普·格鲁门创新系统公司与 NASA 签订的第一阶段商业补给服务合同已经进入尾声，逐步启动第二阶段合同，发展成效显著。商业乘员运输系统研制也取得里程碑进展，载人龙飞船与国际空间站对接并顺利返回，成功完成无人飞行试验，星际客船成功开展发射台逃逸试验，两型飞船均计划 2020 年投入服务，使美国重新具备乘员运输能力。

（一）SpaceX 公司龙飞船提供 3 次商业补给服务

2019 年 5 月 4 日，SpaceX 公司从佛罗里达州卡纳维拉尔角空军基地第 40 号发射台（LC－40）利用猎鹰 9 运载火箭成功发射龙飞船，执行国际空间站第 17 次商业补给服务（CRS）。龙飞船搭载约 2500kg 货物，包括乘员补给、科学装置、仪器设备等。在龙飞船非密封舱中，装载了轨道碳观测－3（OCO－3）、空间测试计划－休斯敦 6（STP－H6）等载荷，用于开展一系列试验和探测活动。

2019 年 7 月 26 日，SpaceX 公司利用猎鹰 9 运载火箭成功发射龙飞船，执行第 18 次商业补给服务。此次龙飞船运送了约 2500kg 货物，包括：国际对接适配器－3（IDA－3）、航天员补给、数十项科学实验所需的材料等，此外还搭载了数颗立方体卫星。

2019 年 12 月 5 日，SpaceX 公司利用猎鹰 9 运载火箭成功发射龙飞船，执行第 19 次商业补给服务。此次龙飞船货运补给任务为国际空间站运送了 2617kg 货物，包括 38 项实验装置，以及站上设备、航天员补给等，此外还搭载了数颗立方体卫星。飞船携带了超光谱成像装置（HISUI），该装置由日本经济产业省开发，是下一代超光谱对地观测系统，将安装在国际空间站上，服务于石油、天然气、矿产、农业、森林、海岸监测等多个行业。

（二）诺斯罗普·格鲁门公司天鹅座飞船提供 2 次商业补给服务

2019 年 4 月 17 日，诺斯罗普·格鲁门公司利用安塔瑞斯 230 运载火箭从沃勒普斯发射场成功发射天鹅座货运飞船。在此次任务中，天鹅座飞船为国际空间站运送了约 3400kg 有效载荷，包括研究设备、乘员补给、硬件等，还有 28 颗小卫星与飞船同时发射。此次任务成功标志着诺斯罗普·格鲁门公司与 NASA 第一阶段商业补给服务合同顺利完成。

2019 年 11 月 2 日，诺斯罗普·格鲁门公司首次使用推力优化的安塔瑞斯 230+运载火箭从沃勒普斯发射场成功发射天鹅座货运飞船。天鹅座飞船为国际空间站运送了约 3700kg 有效载荷，包括研究设备、乘员补给、硬件等。飞船上搭载了物理学、生物学等领域的科学实验设备，在轨开展宇宙环境探测实验、宇宙辐射防护研究、改善饮食探究、聚合物材料回收、遥操作、材料试验、生物钟研究等。

(三) 内华达山脉公司追梦者飞船研制进展顺利

内华达山脉公司在 2018 年年底获准开始生产第一架全尺寸追梦者飞船。追梦者飞船利用运载火箭发射入轨，并能够再入大气层，水平降落在机场跑道上，预计重复使用超过 15 次，其上行运载能力 5500kg，下行运载能力 1850kg，同时还能在货舱内携带 3400kg 载荷返回大气层烧毁。

内华达山脉公司在洛克希德·马丁公司交付全复合材料机身后，于 2019 年 10 月称追梦者飞船进入最后的总装和测试阶段，并瞄准在 2021 年 4 月前完成全部的总装和测试工作。同时，该公司确定选用联合发射联盟的发射服务，利用火神(Vulcan)运载火箭发射追梦者飞船，如果火神火箭研制进度延误，则采用联合发射联盟的宇宙神 5 运载火箭发射。

(四) SpaceX 公司载人龙飞船成功开展无人飞行试验

2019 年 3 月 2 日，美国 SpaceX 公司在佛罗里达州肯尼迪航天中心 39A 发射台利用猎鹰 9 运载火箭成功将载人龙飞船发射入轨，开展无人飞行试验任务。载人龙飞船顺利完成与国际空间站的交会对接，并于 3 月 8 日再入返回。该任务是 NASA 商业乘员计划的重要组成部分，也是美国商业建造并运营的载人飞船的首次发射。

2019 年 4 月 20 日，载人龙飞船在佛罗里达州肯尼迪航天中心 1 号着陆区简易试车台开展的静态点火试验中发生爆炸，飞船损毁严重。事故调查认为，飞船上意外泄漏的四氧化二氮进入高压氦管引发连锁反应，导致止回阀内的结构失效并引起爆炸。SpaceX 公司表示未来将在所有载人龙飞船中更换这些部件，确保爆炸和泄漏不会再次发生。

（五）波音公司星际客船开展无人飞行试验

2019 年 11 月 4 日，波音公司在新墨西哥州白沙导弹靶场成功开展星际客船发射逃逸系统试验。星际客船在发射逃逸发动机、轨道机动和姿态控制发动机的作用下，飞至最高约 1350m，并利用降落伞减速、气囊缓冲着陆。此次试验原计划使用 3 个主伞，实际只打开了 2 个，另一个降落伞由于引导伞和主伞之间的连接销钉插放不当而未能打开。除降落伞外，此次发射逃逸试验的各环节均正常工作，并证明了在只有两个降落伞情况下系统的安全性。波音公司宣布将通过调整装配程序，确保销钉安装正确。

2019 年 12 月 20 日，星际客船搭乘宇宙神 5 运载火箭从卡纳维拉尔角空军基地第 41 号发射台成功发射。星际客船原计划与国际空间站对接并停靠一周，由于船箭分离后飞船计时器异常导致未能进入预定轨道，NASA 和波音公司采取紧急处置措施将飞船送入安全轨道。飞船开展一系列在轨技术验证后返回地球，于 12 月 22 日安全着陆在白沙导弹靶场。星际客船成功返回，标志无人轨道飞行试验完成。NASA 和波音公司总结称，此次任务没有进行飞船与国际空间站的交会对接，但成功进行了火箭发射、飞船再入返回，并对星际客船上大多数系统进行了在轨验证。

三、美俄加速推进载人月球探测计划

美国特朗普政府航天政策 1 号令（SPD－1）调整了载人航天发展方向，提出载人重返月球计划。2019 年，美国国家航天委员会第五次会议要求进一步加速重返月球计划，要在 2024 年前将美国航天员送上月球。

为此，NASA 调整了相关任务安排，提出"阿尔忒弥斯"计划，整体分两个阶段实施，第一个阶段关注速度，计划在 2024 年实现载人登月；第二个阶段关注可持续性，将支持月面长期活动，并为载人火星探测做准备。"阿尔忒弥斯"计划由地－月运输系统（运载火箭、载人飞船、货运飞船)、月球轨道空间站(门户空间站)、月球轨道-月球表面运输系统(月球着陆器)、月球表面系统(月球基地)、月球-火星运输系统(深空运输飞船)、火星表面系统(火星基地)等部分构成。2019 年 5 月,NASA 选择马克萨技术公司(Maxar)为其开发门户地月空间站的首个舱段——动力和推进组件(PPE)。2019 年 7 月,NASA 发布载人着陆系统工作草案,计划通过公私合作方式开发集成着陆器,目前已经选定 11 家企业开展相关研究,最终计划选择最多两家公司为 2024 年任务开发初始着陆器。载人飞船方面,猎户座飞船于 2019 年 7 月成功进行发射中止系统试验,模拟测试发射过程中飞船经受最大动压情况下的逃逸能力。NASA 和洛克希德·马丁公司计划通过可重复使用部件将长期使用成本降低 50%。NASA 于 9 月 23 日授予洛克希德·马丁公司长期生产猎户座飞船的合同,合同内容涵盖的 12 艘飞船,足以满足 21 世纪 30 年代 NASA 的需求。

俄罗斯方面正按照规划研制新一代载人飞船——通用版雄鹰号(Orel)飞船(此前名为联邦号飞船),该飞船可用于执行近地轨道飞行和飞往月球的任务,同时具备以第二宇宙速度返回的能力。雄鹰号飞船计划于 2023 年从东方发射场搭乘安加拉 A5P 火箭进行首次试验发射;2024 年和 2025 年分别进行无人飞行和载人飞行前往国际空间站;2026 年和 2027 年飞船仍将采用安加拉系列火箭进行发射;2028 年计划采用叶尼塞超重型系列火箭进行首次发射,同年完成飞船的飞行测试工作并投入运营;2029 年飞船开始进行绕月飞行;2030 年飞船将俄罗斯航天员送上月球。目前有两艘雄鹰号飞船正在研制,第一艘是全尺寸原型飞船,主要用于搭乘安加拉 A5P 火箭和超重型火箭进行试验飞行;第二艘则是真正可重复使用(10 次飞行)的飞船,用于飞行测试及后续运营。

四、结束语

2019 年，世界载人航天取得了快速发展。近地轨道方面，国际空间站深化商业应用，载人龙飞船、星际客船等新型载人航天器成功开展试验成为本年度的重大突破。尽管遭遇载人龙飞船地面静态点火爆炸、联盟号 MS－14 飞船与国际空间站首次对接失败、HTV－8 飞船发射前发射台起火、星际客船发射台逃逸试验 3 个降落伞中的 1 个未能打开、无人飞行试验遭受波折等意外事件，但均未造成重大损失，载人航天活动稳步推进。载人月球探测方面，美国提出加速载人重返月球，门户月球空间站、月球着陆器、猎户座飞船等系统研制进展顺利，欧洲、日本、加拿大等积极参与；俄罗斯方面瞄准 2030 年载人登月，着力发展新型的雄鹰号载人飞船，研制进展顺利。整体而言，主要航天国家均积极谋划，推动载人航天活动可持续发展，并迈向更远的深空。

(北京空间科技信息研究所)

2019 年国外航天员系统发展综述

2019 年，国际空间站第 58~61 长期考察团执行驻站任务，开展了生物学、地球科学、人体研究、物理科学以及技术开发等领域的大量科学研究，并展开一系列舱外活动对空间站上的阿尔法磁谱仪进行集中维修。6 月，俄罗斯公开启动新一批航天员选拔，着手为未来星际飞行增添新力量。飞行完成两年后，NASA 双胞胎研究成果终在《科学》杂志发表，揭示人体如何适应极端太空环境。美俄继续联手开展"天狼星"地面模拟试验，开展极限条件下的操作研究以及心理生理学研究。新一代登月航天服亮相，展现了新款登月服更加灵活、更加舒适、更加安全、更加满足未来深空探测任务需求的全新设计。

一、航天员执行航天飞行任务情况

(一) 国际空间站三批考察团完成驻站任务安全返回

2019 年，国际空间站第 58、59、60 长期考察团完成驻站任务顺利返回，第 61 长期考察团现驻站值守，预计 2020 年春季返回。

国际空间站第 58/59 长期考察团共驻站 204 天，接收了到访的无人驾驶载人龙飞船以及 3 艘货运飞船：进步号 MS－11、天鹅座和货运龙飞船。完成了 5 次出舱任务：2 次是执行俄方计划，3 次是执行美方计划。长期考察团在国际空间站开展了一系列微重力科学研究，包括研究太空中的植物生长、蛋白质结晶、免疫系统、DNA 修复以及辐射防护等，这些研究都是为了支持 NASA 的"月球到火星"计划和 2024 年重返月球的初步目标。

国际空间站第 60 长期考察团在轨驻留 203 天，开展了生物学、地球科学、人体研究、物理科学以及技术开发等领域的大约 250 项科学研究。8 月 22 日，载有俄罗斯第一个人形太空机器人 F－850 的联盟号 MS－14 飞船从拜科努尔发射，这是 30 多年来首次没有人类乘坐的载人飞船，但两天后在距国际空间站约 90m 处，飞船"航向"对接系统的信号放大器出现故障，因此飞船与国际空间站无法完成对接。按照国家航天委员会的决定，8 月 26 日早，国际空间站 3 名航天员顺利地将联盟号 MS－13 载人飞船从星辰号舱转移停靠到探索号舱，目的是给联盟号 MS－14 载人飞船让出星辰舱的对接口。最终，联盟号 MS－14 飞船与国际空间站第二次对接成功。为此，俄罗斯总统普京高度赞扬了航天员在飞船对接事宜处理中的优秀表现。

随着联盟号 MS－15 载人飞船飞抵国际空间站，站上值守航天员人数达到了自 2015 年以来最多的一次：9 人。欧洲航天局航天员卢卡·帕尔米塔诺于 10 月 2 日接任国际空间站指令长，成为担任这一职务的第 3 位欧洲人和第 1 位意大利人，这也标志着国际空间站第 61 长期考察团的正式成立。驻站期间，女航天员克里斯蒂娜·库克和杰西卡·迈尔执行了历史上首次全女性航天员出舱活动，这是人类进行舱外活动 54 年来首次由全女性航天员完成的出舱活动，意义非凡。此次更换电池的舱外活动完成后，航天员们又进行了一系列舱外活动，集中维修空间站上的阿尔法磁谱仪。阿尔法磁谱仪于 2011 年搭乘美国奋进号航天飞机抵达空间站，旨在寻找宇宙中的暗物质、反物质并测量宇宙线。设计寿命 3 年的阿尔法磁谱仪已经运行超过 8 年，目前保持设备恒温的 4 个冷却泵只有 1 个能正常工作，因此需要修理升级。

截至 2019 年年底，国际空间站乘员一共进行了历时 58 天 15 小时 43 分钟的 224 次舱外活动，以支持轨道实验室的组装和维护。

图 1　国际空间站 2019 年最多驻站人数达到 9 人

图 2　执行历史上首次全女性航天员出舱活动的
克里斯蒂娜·库克和杰西卡·迈尔

（二）首位阿联酋航天员顺利完成国际空间站飞行任务

阿联酋首位航天员哈扎·曼苏里于 9 月 25 日乘坐联盟号 MS - 15 飞船，飞抵国际空间站。他向国际空间站带去了 10kg 货物，包括家人照片、《古兰经》和牧豆树种子。

虽然曼苏里的任务时间很短——总共 8 天，但这已然成为阿联酋的骄傲。他在国际空间站共进行了 16 项实验，分三部分内容：第一部分与美国、欧洲、日本和俄罗斯航天员合作，进行相关的航天科学实验；第二部分是完成由阿联酋中小学生提出的一些简单的太空实验；第三部分是参与欧洲航天局和日本航天机构提出的太空教育活动。

在 16 项航天实验中，其中 6 项实验与失重的影响有关，也是首次对来自阿拉伯国家的人员飞前和飞后身体失重反应变化的研究。在国际空间站驻留期间，曼苏里还对失重环境下的时间和速度感知同地面上使用虚拟现实设备的感知进行了对比研究，另外还研究了太空驻留对身体老化的影响。

阿联酋是太空领域的新生力量，计划 2021 年前将无人飞船送入火星轨道。

二、航天员选拔与训练情况

（一）俄罗斯正式启动新一轮航天员选拔工作

据俄罗斯加加林航天员训练中心主任帕维尔·弗拉索夫称，俄罗斯目前航天员的数量只能确保 2024 年前的国际空间站任务，并且因年龄原因有一些航天员要离开队伍，因此急需为航天员队伍添补新力量。

2019 年 6 月，俄罗斯正式启动新一批航天员的选拔工作，选拔工作将持续两年左右，计划选出 4~6 名新航天员。

此次选拔是俄罗斯举行的第三次面向全社会公开的选拔，不过与以往的公开选拔不同的是，任何一名俄罗斯公民都可以提出申请，都有可能成为一名航天员。而在此之前，只有军事飞行员、火箭航天领域的工程师和专门机构的医生才能成为航天员候选人。不过，加加林航天员训练中心强调，将会优先录取具有航空、火箭和航天工业领域内工作经验的人士。

航天员候选人的选拔要求包括：俄罗斯公民，不超过 35 岁，没有犯罪记录，必须具有航天史知识，同时喜爱航天科技，会操作计算机(专门规定能熟练使用电子邮件，并会使用防计算机病毒软件)，精通一门外语。

对航天员选拔的医学要求包括：身高 150~190cm，体重 50~90kg，无 HIV 病毒和其他传染病等的血液检查证明，有鼻子和胸部 X 射线检查、听力检查、心电图检查证明材料，还要进行过牙科、神经科、外科以及其他相关内容的检查，并具有无结核病、皮肤病、性病、神经病和精神病的结论证明。

在加加林航天员训练中心还要进行全身体检、心理测试和模拟器测试等。另外，选拔委员会将对申请者的耐力、速度、敏捷性和柔韧性以及对过载的承受力等作出评估。为此，申请人要能够符合例如游泳 800m、引体向上 12 次、跳远 2.3m、从 3m 跳板上头部向下入水、在蹦床上运动、3.5min 内跑完 1000m 等要求。

需要强调的是，即使通过了以上所有选拔项目，也并不一定能入选航天员队伍，还需要通过航天选拔委员会审核这一关，该委员会将会决定谁能够入选航天员梯队，当幸运者进入航天员梯队后，也只是预备航天员，必须通过真正的航天员训练后才能成为一名职业航天员。

现在的预备航天员一般要经过 10 年甚至更长的时间才能飞行。训练任务主要分为三个阶段：航天知识基础课程学习阶段、专业训练阶段、飞行前的准备训练阶段。航天员训练任务包括跳伞、失重飞行、离心机、野外生存、人机模拟训练(与航天器一起)、理论学习等内容。在一切都通过之后，才能进行航天飞行，直至星际飞行。

(二)6 名跨国航天员团队参加"洞穴试验"

"洞穴试验"是欧洲航天局开展的野外探险活动，它磨练航天员探索未知的、崎岖地形的月球和火星所需的沟通、解决问题与团队合作的能力。

2019 年 9 月底，由来自 5 个航天机构的 6 名航天员组成的团队在斯洛文尼亚的一个洞穴中开展试验，参试者在洞内工作和生活一周。此次活动的目的是考验跨国团队的航天员们在一个极端环境中克服心理障碍进行有效合作、开展科学实验的能力。试验中，参试者主要在洞穴中寻找适应洞穴极端条件的生命迹象，对恶劣环境中生存下来的微生物进行采样和分析，测试水的化学成分，并学会在洞穴系统中寻找和研究水道。此外，参试者还结合地球化学、气象学和其他环境研究，来了解更多关于地下的科学。

参加此次洞穴试验的 6 位航天员分别是：欧洲航天局航天员亚历山大·格斯特，NASA 航天员乔·阿卡巴和珍妮特·埃普斯，俄罗斯航天员尼古拉·丘布，加拿大航天局航天员乔什·库特里克和日本航天员大西卓哉。丘布和格斯特是这次探险活动的联合指挥官。

（三）俄罗斯帮助印度培训 4 名航天员

据印度驻俄罗斯联邦大使称，印俄两国载人航天领域的合作于 2019 年正式开始。根据印俄双方签署的文件，4 名印度航天员将在俄罗斯航天员训练中心接受培训，而且俄罗斯还向印度提供航天服、飞船座椅和舷窗等。

印度总理纳伦德拉·莫迪于 2018 年 8 月 15 日独立日演讲时宣布，2022 年前将会独立将印度航天员送入太空，届时印度将以此庆祝国家独立 75 周年。按计划，2021 年 12 月印度将会发射自行研制的载人飞船，航天员乘组由三人组成：两名男航天员和一名女航天员。印度首位航天员也是迄今为止该国唯一一位航天员，是曾为军事飞行员的拉凯什·沙尔马，他于 1984 年 4 月乘坐苏联联盟号 T－11 载人飞船进入太空。

三、航天医学研究进展

(一) NASA 公布双胞胎研究成果

2019 年 4 月，NASA 于 2015～2016 年开展的具有里程碑意义的双胞胎研究成果在《科学》杂志上发表，文章详细说明了斯科特·凯利在国际空间站停留将近一年时间后身体发生的变化，揭示了人体是如何适应并从极端的太空环境中恢复过来。

斯科特·凯利和马克·凯利是一对同卵双胞胎，他们都曾在 NASA 当过航天员。2015 年 3 月，斯科特开始执行一项航天任务，在国际空间站呆了近一年的时间，而与此同时，马克则作为地面控制人员在 NASA 工作。同卵双胞胎在本质上具有相同的遗传物质，这对双胞胎兄弟在长达一年时间里，"一个在天，一个在地"，为科学家提供了一个重要且十分难得的机会。

NASA 组织了 12 所大学的 80 多名科学家，设计了 10 大研究专题，涵盖了生化水平、认知能力、表观遗传学、基因表达、免疫系统、代谢能力、微生物组、蛋白质组、生理学、以及端粒长度等多个维度，围绕长时间航天飞行对人类身体健康影响这一课题开展了专项研究。在斯科特执行任务之前、执行任务期间和任务完成之后共达 27 个月的时间里，研究人员在不同时间点分别收集了斯科特和马克的血液样本、生理数据和认知测量结果，并重点对二人基因组表观遗传变化情况进行了研究。

研究的主要结果包括与端粒动力学、免疫系统反应和基因表达变化有关的发现。综合论文中提到的其他变化包括断裂的染色体在染色体反转中重新排列，以及认知功能的变化。许多研究结果与先前研究和其他正在进行的研究中收集的数据一致。

第一个重要发现是作为染色体末端衰老的生物标志物，斯科特白细胞的端粒在太空时的长度出乎意料的更长，在他返回地球后则更短，平均端粒长度在 6 个月后恢复正常。相反，他哥哥的端粒在整个时期都保持稳定。由于端粒对细胞基因组的稳定性很重要，因此 NASA 计划在未来一年的任务中进行端粒动力学的额外研究，以确定结果是否可在长期任务中重复。

第二个重要发现是斯科特的免疫系统在太空中做出了适当的反应。例如，在太空注射的流感疫苗和在地球上一样有效。在长时间的航天任务中，一个功能齐全的免疫系统对于保护航天员的健康不受宇宙飞船环境中的机会性微生物的影响至关重要。

第三个重要发现是基因表达的变异性，它反映了人体对环境的反应，并有助于了解基因表达与航天飞行相关的健康风险之间的关系。在太空中，研究人员观察到斯科特基因表达的变化，其中大多数在返回地球 6 个月后恢复正常。然而，一小部分与免疫系统和 DNA 修复相关的基因在他返回地球后没有回到基线。此外，研究结果还确定了用于监测未来航天员健康和可能制定个性化对策的关键基因。

这项双胞胎研究首次提供了完整的生物分子视角，研究了人体对航天飞行环境的反应，并作为一个基因组学的研究基础，促使人们更好地了解如何在人类登月和火星探险期间保持乘员的健康。

（二）历史上首次太空 3D 打印生物活体组织实验结果鉴定成功

俄罗斯医疗企业 Invitro 公司于 2018 年 12 月在国际空间站进行了生物活体组织——人体软骨组织和啮齿动物甲状腺打印实验，经专家分析研究鉴定，该实验是成功的。这是人类历史上在这方面的首次尝试。为了能够在太空打印生物活体组织，科研人员专门研制了一种特殊的 3D 磁性生物打印机。

这次一共打印了 12 个立体结构的生物组织样本：6 个人体软骨组织和 6 个小鼠甲状腺组织。实验结果表明，利用低浓度顺磁性材料不仅可以完全对活体组织和器官性结构进行三维装配合成，还能够大大降低毒性对生物细胞活力的影响。所获得的实验数据为后续实验以及将来的 3D 打印技术的完善提供了支持。

实验数据证实了 3D 生物打印机的可操作性以及使用该技术来替代传统的生物降解基质(凝胶)的可能性。3D 磁性生物打印机使人类对生物工程结构的研究达到了新的技术水平,也为将来能够在失重环境下打印出结构更加复杂的人体器官组织提供了保障。

(三) 长期航天飞行会削弱航天员的免疫系统

亚利桑那大学研究人员牵头的一项研究表明,长期航天飞行会对航天员免疫系统中的某些细胞产生不良影响。研究团队研究了 6 个月或更长时间航天飞行对自然杀伤细胞(NK 细胞)的影响。NK 细胞是一类白细胞,可以杀死体内的癌细胞、预防旧病毒再激活。

科学家们对 8 名完成国际空间站驻留任务的乘员与地面健康人进行了血样比较,血样采集时间包括发射前、任务期间的几个时间点以及航天员返回地球后。

结果显示,与飞行前以及地面对照组相比,航天员的 NK 细胞功能受损。在飞行第 90 天,国际空间站乘员的 NK 细胞对白血病细胞的体外杀伤活性下降了大约 50%。与有过空间站经历的航天员相比,这种影响在初次航天飞行的航天员身上似乎更加明显。

NK 细胞功能下降是否会使航天员更容易受到癌症和病毒再激活的影响还有待观察。研究人员已经在研究可能的对抗措施,以帮助航天员在太空保持健康,包括营养或药物干预、增加锻炼,所有这些已被证明对免疫系统功能有着积极影响。

(四) 微重力改变了大脑区域的连通性

由俄罗斯和比利时研究人员组成的国际团队,发现太空旅行对大脑有着重要的影响。

研究人员在航天任务前后对航天员进行了脑功能磁共振成像,

平均持续 6 个月，然后将他们的数据与那些地面上的健康志愿者的数据进行比较。研究发现，航天员大脑的连通性发生了变化。平衡器官在微重力条件下无法提供可靠的信息，为了弥补这一信息的缺乏，大脑建立了体觉控制的辅助系统，增加了对视觉和触觉反馈的依赖，而不是对前庭输入的依赖。

此外，研究人员还发现，大脑皮质和前庭核之间的连通减弱。在地球重力作用下，前庭核负责处理来自前庭系统的信号。但是在太空中，大脑可能会降低这些结构的活动量，以避免与环境信息发生冲突。在航天飞行后，小脑和其他结构(特别是负责运动的结构)的连通性会减少。

另一方面，在左、右半球的岛叶皮质之间，以及岛叶皮质和大脑其他区域之间的联系增加。那些在空间站经历了不太舒适的初始适应过程的航天员(那些经历过眩晕、体位错觉的航天员)，他们的右上缘回和左岛叶皮质之间的连通性增加更大。

(五) 最新研究显示深空旅行可能会损伤大脑

根据研究人员在《eNeuro》杂志上发表的报告，深空中存在的长期低剂量辐射会导致小鼠的神经和行为损伤。这些结果突显出，在航天员准备前往火星的深空任务中，迫切需要制定安全措施来保护大脑免受辐射损害。

为了研究深空旅行对神经系统的影响，加州大学欧文分校、斯坦福大学、科罗拉多州立大学和东维吉尼亚医学院将小鼠暴露在长期低剂量辐射下长达 6 个月。他们发现，辐射暴露损害了海马体和前额皮质的细胞信号传递，导致学习和记忆力损害。他们还观察到小鼠焦虑行为的增加，这表明辐射也会影响大脑杏仁核。

研究人员预测，在一次深空任务中，大约五分之一的航天员会出现类似的焦虑行为，三分之一的航天员会出现一定程度的记忆力损害。此外，航天员还可能会在做决定时遇到困难。

（六）在轨锻炼可以预防航天员返回地球时发生晕厥

自载人航天计划开始以来，最大的问题之一就是航天员在着陆地球时晕倒，而且在无重力的太空环境中呆的时间越长，风险似乎就越大。

据得克萨斯大学西南医学中心的运动科学教授本杰明·莱文博士称，那些在执行任务期间定期锻炼，并在返回地球后接受静脉滴注盐水的航天员，并没有经历体位性低血压。

在这项研究中，年龄在 43～56 岁的 12 名航天员（8 位男性和 4 位女性）在他们 6 个月的在轨驻留期间，每天进行长达 2 个小时的耐力训练和抗阻锻炼，他们返回地球后没有任何晕眩或头晕的感觉。这成为对抗措施——锻炼方案和液体补充有效性的有力证据。

尽管该实验结果很有希望，但专家认为此项研究仍有一些不足，除了样本量小以外，研究者并没有区分航天员在轨驻留期间的血压读数是睡眠时还是清醒时获取的。

（七）研究发现红酒中的白藜芦醇有助于防止肌肉萎缩

研究表明，长时间呆在太空中会对身体的肌肉和骨骼产生负面影响。当重力较弱时，身体的骨骼和肌肉不需要做太多的功，而当骨骼和肌肉不工作时，就会萎缩或变得虚弱。负重的主要骨骼和肌肉，比如小腿的比目鱼肌会首先萎缩。

科学家一直在寻找能够帮助航天员防止肌肉萎缩和骨质丢失的补充剂。白藜芦醇是一种存在于红葡萄和蓝莓果皮中的化合物，其潜在的健康益处已经被研究过。一些研究表明，这种化合物具有抗炎、抗氧化和抗糖尿病的作用。

科学家们发现这种补充剂可以保护生活在接近火星微重力环境条件下的实验大鼠不受肌肉萎缩的影响。已经证实，白藜芦醇能在大鼠完全无负荷期间保持其骨骼和肌肉质量，实验中所采取的完全无负荷类似于太空飞行中的微重力。

(八) 普通泳镜可解决长期航天飞行造成的视力问题

据 NASA 科学家称，航天员戴游泳眼镜可以增加眼睛内部压力，并能够消除长期航天飞行对视力造成的一些负面影响，从而帮助航天员解决所出现的视力问题。

NASA 科学家发现，视力变弱是由于太空失重影响人的颅和眼内部液体的分布造成。长期在失重环境下生活使眼睛中心的"盲点"拉长，而这里的视神经与视网膜连接，从而导致视网膜和血管之间出现间隙，并引起炎症发生。

美国休斯敦大学航天研究学会的研究团队把二十几名志愿者放在了"太空飞行模拟器"中。实际上，"太空飞行模拟器"只是一个悬挂在半空中的沙发床，其悬挂角度使参试人员的头部向下倾斜，研究团队对参试人员眼睛和大脑的变化进行研究，进而找到解决这个问题最为简单的方法。

实验时，有一半参试者戴上了能够使眼睛周围产生一定压力的普通游泳镜，以此来补偿因失重而导致的眼内压力下降。结果证明，戴游泳眼镜者眼内压力要比不戴眼镜者高 5~7mm 汞柱。同时，发现一个比较有趣的现象：训练负荷较大、体力消耗较多的参试者眼睛出现的问题相对来说也比较严重，可是泳镜却阻止了眼睛大部分的负面变化，能够使眼内压力接近正常。

(九) NASA 对国际空间站上微生物和真菌进行分类研究

2019 年 4 月，《微生物组》上发表的一项研究展示了在国际空间站内部表面发现的细菌和真菌的综合目录。了解国际空间站上细菌和真菌群落的组成，可以帮助制定关于长期航天飞行或生活的安全措施。

研究人员使用传统的培养技术和基因测序方法，在 14 个月的 3 次飞行中，对国际空间站上 8 个位置采集表面样本，这些位置包括观察窗、厕所、锻炼平台、餐桌和睡眠区等。目的是研究不同位置和不同时期的细菌和真菌种群组成以及它们的变化。

研究人员发现，真菌群是稳定的，细菌群在不同地区虽然是相似的，但在不同的时期是发生变化的。国际空间站上的微生物大多与人有关，最明显的细菌是葡萄球菌（占总分离菌的 26%）、泛球菌（23%）和芽孢杆菌（11%），其中包括被认为是地球上条件致病菌的生物体，如通常在皮肤和鼻腔中被发现的金黄色葡萄球菌（占已隔离鉴定的 10%），以及与人体胃肠道有关的肠杆菌。

目前还不清楚这些机会性细菌是否会导致国际空间站上的航天员患病。这将取决于若干因素，包括个体的健康状况以及这些生物体在太空环境中如何发挥作用。无论如何，对可能致病生物体的检测凸显了进一步研究这些国际空间站微生物在太空中发挥作用的重要性。除了了解细菌和真菌对航天员健康可能产生的影响外，还需了解它们对飞船的潜在影响，这对于在长期太空飞行任务中维护载人飞船的结构稳定性也很重要。

（十）国际空间站开始进行类脑器官研究

"微重力对人类类脑器官的影响"研究微重力如何影响脑细胞的基本功能，包括生存、迁移和代谢，以及神经网络的形成。"类脑器官"是一小块活的脑细胞，它们形成功能神经网络，并自组织成类似人脑部分的三维结构。科学家们开始使用这些"类脑器官"进行一系列关于大脑功能的研究。这些豌豆大小的白色结构模拟了人类大脑发育的早期阶段，为研究神经疾病和衰老的生物学过程提供了一个模型。

2019 年 7 月，"类脑器官"被送到国际空间站，它们在轨道实验室呆了 27 天，然后被送回地面进行分析。

在为期数月，甚至数年的研究中，照料类脑器官是非常耗时的。该研究开发了自主生长类脑器官的特殊设备，这将大大简化它们在太空和地面上的研究。

除了增进对影响大脑的疾病发展的了解外，这项研究对于航天探索期间保护航天员身体健康也具有基础性作用。目前，这项研究促进了类脑器官技术的发展，这有助于解决更多关于研究人脑所面临的难题。

（十一）六项新研究获航天健康研究机构资助

贝勒医学院内的航天健康转化研究所（TRISH）已选定未来两年内资助的 6 项生物医学研究。这些项目旨在开发创新措施解决 NASA 深空探索任务期间人体健康和绩效的最高优先级风险。主题领域包括：通过眼部扫描成像评估整体健康状况；监测深空探索航天员身体健康；积累深空探索医学知识与指导；提供及时药物治疗。

（十二）新型设备助力航天医学研究

1. 美大学与 Space Tango 公司合作测试太空诊断工具

亚利桑那大学医学院的研究人员正与私营航空航天公司 Space Tango 合作，研究一种在太空中测试航天员健康状况的简便方法。Space Tango 公司负责设计、建造并操作国际空间站上的诊断设施。

最新的资助将允许研究人员开发一种诊断工具——一种微型注射器状的设备，可以检测血液或唾液中的生物制剂和数百种生物指标，并在太空中对该工具进行测试。该诊断设备将成为有效载荷的一部分，它可以在微重力环境下提供近乎实时的数据和监测。

2. 生物分析仪加快在轨生物分析速度

国际空间站作为唯一一个在轨实验室，为开展健康和生命科学研究提供了广泛设备。然而，与地球上的实验室相比，用于细胞和分子生物学研究的设备是有限的。为了突破这一限制，加拿大航天局（CSA）为即将到来的空间站探索任务委托制造了一台创新的生物医学设备。这款游戏控制台大小的生物分析仪可以使用最新采集的生物样本(如血液、尿液、唾液、汗液和细胞培养物)进行近乎实时的在轨分析,能够执行两种类型的分析:能够计数细胞,能检测和量化生物标志物。

该生物分析仪还提供自动向地面传输数据的功能,数据获取时间比样品必须冷冻并返回地面(目前的情况是这样)快得多。生物标志物检测大约需要 3 个小时,然后对样品进行电子分析,立即得到结果。细胞计数大约需要 4 分钟,而且这些数据也立即可用。采集样本后不久就能传回分析结果,为近实时医疗诊断提供了机会。

这一新的诊断工具可以帮助测试特殊防护措施的功效,而这些防护措施对于当前和未来的探月、探火乃至更深远的探测任务至关重要。

3. 俄科学家研制出新型在轨使用的心脏监测传感器

俄罗斯斯科尔科沃科技学院和莫斯科物理技术学院的科学家研制出了一种可以在轨监控人体健康的新型心脏传感器。该产品不会妨碍航天员的日常生活,其人工智能系统可以监督到心脏工作中最微小的异常,并有助于预防医学的发展。

4. 欧洲航天局利用粒子加速器模拟宇宙射线研究辐射防护

欧洲航天局正在为研究空间辐射的生物效应打开大门。对此,欧洲航天局提供了一个高能加速器,通过"发射"接近光速的原子粒子,来重现空间辐射。实验将在德国达姆施塔特的 GSI 加速器中进行,该设备也以发现了 6 种化学元素和开发出一种使用离子束的新型肿瘤疗法而闻名。

目前,该设备已经进行了 36 次利用辐射攻击细胞和材料的实验,以期未来解决空间辐射的影响。

四、地面模拟试验开展情况

（一）"天狼星"乘组模拟飞往月球

2019 年 3 月~7 月，在莫斯科俄罗斯科学院生物医学问题研究所（IBMP）进行了为期 120 天的"天狼星"月球模拟飞行试验（SIRIUS－19）。

该项目名称的缩写是 SIRIUS（Scientific International Research In Unique Terrestrial Station），意思是"在独特的地面站进行综合国际科学研究"。该项目是由俄罗斯科学院生物医学问题研究所和 NASA 人体研究计划专家发起的美俄联合项目。德国、法国、意大利、白俄罗斯和其他国家的合作伙伴也参加了该项目。SIRIUS 系列试验旨在为深空探测做准备。

此次试验的参试人员共 6 人，其中 4 名俄罗斯人和 2 名美国人，男女各半。在 4 个月的隔离期间，参试人员模拟"飞向"月球并为未来的月球基地选址。该试验分为以下几个阶段：飞向月球轨道；寻找着陆地点；乘员登陆月球表面；月表驻留，远程遥控月球车，建立月球基地；返回地球。

航天员在"登月"过程中，穿着特制服装并使用了带有虚拟现实的头盔，该头盔能够模拟复杂的环境，航天员还可以和一些交互式对象进行互动。试验中使用的"航天服"能够用于验证乘组在其他星球上作业时的工效学和医学心理学支持效果；通过模拟各种非正常情况及各种各样的操作环境，开展极限条件下的操作研究以及心理生理学研究。

"天狼星"是一个系列试验。首次试验是 2017 年 11 月开展的，为期 17 天，模拟了绕月飞行，期间开展了 60 项实验。未来，专家们还将计划进行类似的隔离试验，持续时间为 8 个月和 12 个月。

(二)"赫拉"任务系列试验 5 开始

第 18 次载人探索研究模拟(HERA,"赫拉")任务也被称为 C5M1(系列试验 5,任务 1),意思是 NASA 人体研究计划系列试验 5 中 4 次任务规划的第 1 次。这次模拟任务在约翰逊航天中心进行。被试乘员在模拟太空飞船中生活 45 天,研究人员通过试验主要研究飞行条件对航天员的生理和心理影响。

人体研究计划要求 C5 任务乘组开展 4 次同样的实验,从而使研究人员能够确定研究数据的模式和差异。和以往系列试验不同的是,C5 没有进行睡眠剥夺研究,也没有进行关于食品和锻炼的研究,不过乘员们在睡眠区、卫生舱的私密性较差,工作的"自由度"也较小。

"赫拉"任务控制中心对乘组实施持续监测,在整个任务期间,收集延长隔离和受限对生理和心理影响的数据,团队动力学、冲突解决等数据也在收集之列。

C5 是采取 45 天任务期的第 2 个系列,在 2014 年开展的 C1 中,采用的是 7 天任务期;在 2015 年开展的 C2 中,任务期是 14 天;在 2016 年开展的 C3 中,任务期是 30 天;在 2017~2018 年开展的 C5 中,任务期是 45 天。较长的任务期可以考虑更多的类任务乘组影响,以及更多的与长期航天飞行任务相关的数据点。

(三)NEEMO 国际乘组为未来月球探索做准备

NASA 于 2019 年夏天在大西洋海底"水瓶座"实验室进行了第 23 期"NASA 极端环境任务操作"(NEEMO–23)任务,为期 10 天。NEEMO–23 乘组侧重探索与国际空间站和未来前往月球、火星等深空探测任务有关的太空行走和目标。作为未来行星科学概念和战略的一次模拟,乘组还在佛罗里达国际大学海洋科学系的指导下进行了海洋科学研究。

乘组目标包括评估在月球表面使用科学仪器和工具的情境,例如获取科学核心样本的工具和硬件,使用增强现实技术通过自主识别舱段的位置来指导未经培训的操作员从一个舱段到达另一个舱段，以及人体研究。

五、生命保障技术发展

（一）NASA 发布新一代登月航天服

2019 年 10 月，新一代登月航天服(xEMU)和猎户座舱内航天服的原型在 NASA 总部发布，展现了新款登月服更加灵活、更加舒适、更加安全、更加满足未来深空探测任务需求的全新设计。

新一代登月航天服的主要改进包括：

（1）最大特点是"移动性"更好，更加灵活

xEMU 能增强航天员的活动性，保护他们的身体免受外界环境的伤害，例如极温、辐射、微流星体和低气压等。航天员进行太空行走时，下肢活动较少，而在月表行走并开展科研活动时，下肢活动较多。xEMU 的设计充分考虑了这种需求，其加压服下半身安装了多个关节轴承，允许臀部弯曲和旋转、膝盖处有更大的弯曲度，并采用了类似登山靴的柔性鞋底。其腰部采用了一个轴承装置，可以让航天员做出更大更灵活的扭腰、转身动作，重要的是还不影响弯腰、蹲坐等其他动作。

此外，xEMU 还大大增加了肩部活动范围，使航天员可以大幅度旋转胳膊，能够到身体的所有部位，甚至可以让航天员轻松将物体举过头顶，这是阿波罗航天服无法做到的。xEMU 的肩部将活动所需的体力降到最低，还采用了从后面穿入的设计，使肩部组件更贴身，有助于降低肩部损伤风险。

（2）安全性和防护能力大幅提高

安全一直是载人任务的重中之重，通过"阿波罗"载人登月和更多近期的机器人探测任务，人们越来越了解月球环境。一度让当年"阿波罗"登月航天员担惊受怕的月球尘埃，在此次新设计的航天服中被考虑得足够充分。xEMU 增加了防尘设计，避免月尘

被吸入污染生命保障系统，尤其是新增的腰部轴承装置被设计成全密封装置，能够非常有效地避免月尘侵入。同时，对全套航天服也做了最优化防尘设计，采用新材料防尘，哪怕是细微接缝处，也要尽可能地避免微尘渗入。

此外，xEMU 的生命保障"背包"可以持续清除航天员呼出的二氧化碳和航天服内的其他有毒气体、臭气、湿气，航天服的使用时长得到了提升。该生命保障系统还能调节温度，监测航天服的总体性能，若供能不足或系统故障就会发出警报。电子设备和管道系统的微型化可以支持配置多个备件，在故障时进行替换。多备件的配置也提高了安全性，延长了舱外活动的时间。

（3）通信技术升级换代

NASA 重新设计了头盔内部的通信系统。现今使用的航天服上的头戴组件在头盔内部穿戴，可能会变得潮湿和令人不适，麦克风也不能随着航天员的移动一直保持在适当的位置上。新的语音系统包括上躯干的多个嵌入式语音唤醒麦克风，如果航天员对一起出舱的同伴、门户空间站上的乘组同事、休斯敦航天控制中心说话，麦克风能自动捕获声音。

（4）航天服模块化且可重新配置，适用于多个目的地

xEMU 采用模块化设计，方便在长时间探测任务中更换组件，例如其头盔采用了可快速更换的防护面罩，如果出现表面破损、凹陷或刮痕等问题，可以单独更换防护面罩，无需将整个头盔送回地球维修。

新款航天服可以在微重力状态或在行星表面出舱期间更换零部件，将来也可应用到国际空间站、月球轨道深空门户空间站、月球或火星探索中。该航天服还能根据火星的环境变化进行调整，在富二氧化碳环境下提供额外的生命保障技术；在火星的冬季，可以更换外层服装让乘员保持温暖，也可在夏季更换防止过热。

（5）舒适性极大提升

在 NASA 约翰逊航天中心，研究人员对运动中的航天员进行全身 3D 扫描，根据 3D 动画模型设计组件，最大程度保证了航天服的舒适性，降低了可能对皮肤造成的不适。

此外，与新一代登月航天服同时发布的还有猎户座舱内航天服。这套橙色航天服具有更轻巧、强度更高、尺码更贴身、控温能力更强以及穿脱更迅速等特点。如果遇到航天器玻璃破碎导致失压等紧急情况，这款航天服可支持航天员生存长达 6 天，为他们重返地球提供时间保障。

猎户座舱内服就是航天飞机压力服的升级版，拥有以下增强亮点：提供长达 8 小时的呼吸空气，外加 1 小时应急储备；提供 100% 纯氧模式，能够让航天员立即投入工作，而不必花时间在呼吸前清除体内的氮气；一旦置身极端状况，比如真空或近真空状态下，能够为航天员提供长达 6 天之久的安全加压环境(约 29.7~55.2kPa)。

（二）俄最新型航天服在莫斯科国际航空航天展首次亮相

在 2019 年莫斯科国际航空航天展览会"星星"公司的展台上，俄罗斯最新型航天服"猎鹰-M"(Сокол-M)首次向公众展示，该航天服主要用于新一代雄鹰号载人飞船乘组。

新一代航天服增大了航天服的入口尺寸，可以为体形高大的航天员提供航天服入口。除此之外，还对以下几个方面做了改进：为了便于对其维护和维修，改进了背包内部结构；为了航天员出舱活动更加方便和灵活，太空手套是经过对航天员的手进行三维扫描之后才生产制作的；航天服的袖子准备了多种尺寸，并且能够拆卸，任意组装；把更多的控制功能从航天服上转移到飞船和空间站上，使其更加数字化；头盔上配备了一个信息投射系统。

尽管变化很大，但新一代航天服的整体设计理念并没有改变，即每一套航天服都有一个坚硬的胸甲和从后面进入的舱口以及用于手脚活动的软外壳。

(三)维珍银河公司推出第一套商业航天服

世界上第一次商业航天飞行的日期还没确定，但未来乘员穿的商业航天服已经准备就绪。2019 年 10 月，维珍银河的创始人理查德·布兰森介绍了为第一批太空旅行者定制的商业航天服。

商业航天服由美国运动装设计师安德玛设计并制作，和其他的航天服比起来，它更具时尚感，也更加轻盈。为了让穿着者离开座位在机舱内飘浮的过程中依然能受到保护，商业航天服选取了特殊的轻质面料，肘部、膝盖等关节部位还有衬垫减震，力图减轻在失重过程中发生碰撞带来的冲力。机动性、柔韧性和灵活性是商业航天服考虑的重要元素。这款航天服在为游客保暖的同时，还保证了游客的安全性和舒适性。

这套服装还有配套的鞋子，像平常穿的雨靴，当然它的面料看上去要高级得多。这双鞋子的灵感来源于赛车手的比赛用鞋，柔软、轻便、阻燃，即使在失重状态下，也没有任何阻碍。

(四)JAXA 研制出新型尿回收过滤器

JAXA 7 月宣布，已经研制出一种蒸馏器，可以在航天飞行中将尿液转化为饮用水，日本航天员在不久的将来可以饮用从自己尿液中蒸馏出来的水。

JAXA 的这个装置是通过树脂过滤器来去除尿液中的杂质，通过电解每天可以产出高达 0.8L 的水。实验数据显示，回收率可以提高到 85%，高于 NASA 开发的、用于将航天员的尿液和汗液处理成清洁饮用水的蒸馏器和过滤器。JAXA 的这项发明已运送到国际空间站进行在轨验证测试，并将蒸馏过的尿液样品送回地面进行水质分析。

（五）"光生物反应器"作为航天员的氧气和营养来源

空客公司将一个光生物反应器（PBR）实验系统带到国际空间站。该反应器由斯图加特大学开发，由空客公司代表德国航空航天中心（DLR）建造，旨在将国际空间站上的生命保障系统（LSR）所提取的部分二氧化碳转化为氧气和营养物质，这将有助于在未来长期太空任务中节约宝贵的资源。

自2018年10月以来，欧洲航天局的生命保障系统一直在国际空间站上。该生命保障系统由空客公司制造，以前被称为ACLS（高级闭环系统），收集航天员呼出的二氧化碳，并通过电解将其转化为氧气。国际空间站PBR&LSR实验是一项旨在将二氧化碳转化为氧气和营养物质的技术演示。为了实现这一目标，PBR将与LSR以物理化学混合的方法连接，并运行长达180天，在此期间，系统的稳定性和藻类培养的性能将被记录和评估。

小球藻是一种富含蛋白质的光合产物，目前已被广泛应用于食品（补充剂）中。在未来，大约30%的航天员食物可以被这种藻类营养物所替代。小球藻所需的二氧化碳大部分将由LSR提供。如果没有可用的二氧化碳，藻类也可以从飞船上携带的瓶子中获取。藻类每14天被加入营养液，同时被稀释以允许新的藻类有空间生长。一旦实验完成，将对培养出的藻类的性能和生命周期进行评估，并将几个样本送回地球进行基因分析。技术上重要的下一个发展阶段，将是加工收获的藻类来生产食品。

（六）太空新型灭火器研发成功

日本丰桥工业大学的研究小组研发出了一种适合在太空使用的新型灭火器，命名为"真空灭火法"（VEM）。

VEM和广泛使用的灭火器是完全"逆向"的操作。目前，地球上广泛使用的灭火器是向着火点喷射灭火剂，而VEM则是将火焰以及燃烧产物，甚至火源，统统吸进真空室，继而从太空中去除着火物质。

这个扭转的概念适合高度封闭的特殊环境(如太空飞船或其他太空运输装置、潜艇或其他深海作业装置),能够有效防止或抑制有害燃烧物质,如烟雾、颗粒物质、有毒气体等,在密闭空间的传播。这种技术在太空使用特别有利,在极端真空环境中更为可取。

研究小组预计,VEM 技术将在未来的太空任务中被采纳,而且该技术也将适用于扑灭某些不寻常但是后果十分严重的火灾——比如目前使用的灭火器无法控制的金属粉末火灾。这种技术也可应用于洁净室(如手术室)的火灾,因为在洁净室中喷洒灭火药剂,会对结构和设备造成严重破坏,恢复时间也较长。其最终甚至还会走入寻常人家,成为一种家用式真空吸尘器。

(七)"太空温室"在南极为月球和火星种植蔬菜

"伊甸园国际空间站"(EDEN ISS)项目由德国航空航天中心(DLR)发起,通过在南极建造温室进行研究,渴望在沙漠和寒冷的地区以及未来在月球和火星的荒凉条件下实现粮食生产。

2019 年 8 月,EDEN ISS 团队展示了该项目的成果。他们用比预期少得多的精力完成了任务,取得了巨大的收获。在南极一年多的时间里,这个温室已经清楚地表明,在一个小空间内可以生产足够的食物,以补充未来 6 人乘组所需饮食中约三分之一的新鲜农产品。这是对飞船所搭载货物的合理补充。总的来说,在 9.5 个月的时间里,该研究团队在面积仅为 $12.5m^2$ 的区域生产了 268kg 的食物,其中包括 67kg 黄瓜、117kg 生菜和 50kg 西红柿。

目前,南极温室的运作仍在进行,并向全球的研究小组开放。从伊甸园国际空间站项目的结果和经验来看,一种新的用于月球和火星的太空温室概念已经出现——可部署、紧凑,适合使用猎鹰 9 火箭发射。该概念还可以与生物过滤系统结合使用,其目的是处理可生物降解的废物和尿液,以产生可立即使用的肥料溶液用于植物培养。这将使温室概念几乎完全成为未来月球栖息地的生物再生生命保障系统。

(八)国际空间站首次成功生产出人造牛肉

2019年10月，以色列 Aleph Farms 公司与俄美首次在国际空间站研制生产出了人造牛肉。该方法的实质是，对牛身体肌肉组织模拟再生，航天员用3D太空生物打印机生产出了几毫米大小的人造牛肉。

为了生产人造牛肉，首先从牛体内提取细胞，然后在特殊营养液培养基中培养，进而从中提取出肌肉组织。在地球上，由于重力因素，此培养过程比较慢，但在微重力环境中，肌肉组织细胞的生长要比地球上快很多，且肌肉组织向各个方向生长，可以同时从各个层面用生物打印机打造。

今后，还会进行人造兔肉和人造鱼肉的实验，但若未来在国际空间站生产大量人造肉的话，还需补充一些相关设备。在地球上一般使用生物反应器(能够为生物生长发育提供最佳适应环境的设备)来生产人造肉，经过研究，这些生物反应器完全可以在国际空间站上安装使用。

然而，生产1kg的人造肉，需要10000~15000L水，而国际空间站内无法提供这样大量的资源。可是，为探索在太空中生产人造肉的可能性，这项实验仍显得非常重要。

航天员在飞船上通常吃的是地球上制造的真空包装或干燥的肉类，在太空制造人造肉的技术最终可能是进入深空探索所必需的。其他航天机构也正在这一领域进行相关实验。

(中国航天员科研训练中心)

2019 年国外载人航天发射场发展综述

2019 年，NASA 继续开展肯尼迪航天中心（KSC）地面发射设施设备的运行测试与完善，俄罗斯国家航天集团公司正式启动东方航天发射场第二阶段建造工程，位于哈萨克斯坦的拜科努尔航天发射场获得相应资金以实施现代化升级改造。与此同时，其他航天国家、航天机构和商业航天企业积极拓展商业航天发射场的建造，以期参与更多的载人空间探索任务并提供有效保障。

一、美国肯尼迪航天中心推进各项设施运行测试

NASA 和 KSC 在 2019 年主要针对"阿尔忒弥斯-1"任务，继续实施 KSC 各项地面设施设备的运行测试，解决潜在的技术问题。同时，继续开展保障设施的升级改造、第二台活动发射平台研制、氦研制生产以及 KSC 服务保障等工作。

（一）完成首次发射倒计时操作团队的能力演示验证

NASA 和 KSC 的发射操作团队于 2019 年上半年在与垂直总装厂房（VAB）相邻的发射控制中心（LCC）1#点火控制间（FR-1）内，通过 SLS 火箭和猎户座飞船首飞任务的发射倒计时程序演练，对该团队的任务准备以及解决技术问题的能力进行演示验证。SLS 火箭发射任务的指挥控制团队由 91 位专家、测试指挥长、工程师和项目经理组成，其规模远远小于阿波罗计划的 450 人和航天飞机项目的 200 人，但工作效率将远高于以往。

由于无法使用 SLS 火箭实体，发射操作团队采用一种被称为"模拟器"的软件进行虚拟演示，同时通过视频监控器显示 SLS 火

箭和猎户座飞船矗立在发射台上的图像。此次演示验证主要针对发射前 1 小时 20 分钟至火箭和飞船起飞后的时段,包括火箭主芯级与上面级的推进剂加注,以为 2020 年拟实施的一系列类似的培训与验证活动奠定基础。

(二) 完成活动发射平台在垂直总装厂房内的关键测试

NASA 于 2 月底在 KSC 的 VAB 对新研制的活动发射平台 (ML-1) 进行了一系列关键性测试,包括脐带与摆臂测试、环境控制系统测试、液压传动装置测试、氮气与氦气测试以及电气测试,以此验证发射控制中心 (LCC) 的指令能在其与地面保障设备和脐带之间进行正确的传送。此外,在正式开展 6 月发射台行驶测试之前,测试团队还对 ML-1 进行了振动或模态测试,对该装置拟在"阿尔忒弥斯-1"任务中可能呈现的弯曲模式进行表征。

(三) 完成 ML-1 的发射台行驶与匹配测试

NASA 和 KSC 于 6 月对 ML-1 实施最后一次非载重性发射台行驶测试。由 2# 履带运输车 (CT-2) 驮驾的 ML-1 耗用约 10 个小时从 VAB 行驶至 39B 发射台,并在整个夏季停留在 39B 发射台上,以接受各项匹配测试与检查。

由于是按照实际发射操作时的状态进行测试,同时还将对 ML-1 的主芯级箱间脐带、主芯级前裙脐带和过渡低温推进芯级 (ICPS) 脐带 3 个脐带摆臂进行首次同步性测试,因此测试团队为 ML-1 配置了所有连接管线 (脐带) 和地面保障设施 (GSE)。在 ML-1 停留在 39B 发射台期间所开展的测试与检查包括:发射倒计时中的摆臂缩回模拟、点火超压与消声系统的水流测试、通过加注泵输送超冷推进剂的低温流模拟与评估以及电气与脐带系统的检测等。

NASA 原定在 9 月底完成 ML-1 在 39B 发射台的最后测试,随后将 ML-1 再次运回 VAB 开展 SLS 火箭和猎户座飞船的吊装。

但由于 KSC 受到飓风"多里安"的影响，为确保安全，于 8 月 30 日将 ML－1 从 39B 发射台运回 VAB，并于 9 月 10 日再次将 ML－1 运出 VAB，驶向 39B 发射台，继续进行剩余的 20% 的验证与确认测试。

（四）完成 39B 发射台喷水消音系统的水流测试

NASA 于 9 月在 KSC 完成 ML－1 在 39B 发射台的喷水消音系统的水流测试。NASA 和 KSC 于 7 月在 39B 发射台进行了喷水消音系统的首次水流测试，而 9 月的测试主要是结合"阿尔忒弥斯－1"任务的具体要求，经过首次测试后改进完善而实施的，针对性更强，以确保倒计时 T－0 前的 10s 安全运行，使火箭能得以安全起飞。

在持续 30s 的测试中，操作人员将约 1.7×10^6 L 的水倾入到 39B 发射台的导流器、ML－1 的导流孔及喷焰盖板上。喷水消音系统的水流最高峰速度达到 3.8×10^6 L/min 以上。测试团队目前正在对测试后的各项数据进行分析，以为喷水消音系统的最后一次水流测试做准备。

（五）进行 SLS 火箭主芯级的吊装演练

为了完成目前世界上最大和最重的火箭硬件之一——SLS 火箭主芯级的起吊与装配，NASA 探索地面系统（EGS）项目部及其主承包商在 VAB 内，对全尺寸引导型（pathfinder）SLS 火箭主芯级进行吊装和组装操作规程演练。

演练团队在 VAB 内的转运廊道上，采用由马歇尔航天飞行中心（MSFC）研制的一个运送装配夹具，将一个称为"蜘蛛"的起吊夹具安装到主芯级的前端环上。在固定好起吊夹具后，演练团队将另一台吊车连接到主芯级的后端起吊托架上，然后通过吊车将主芯级水平起吊到运输车上。随后，吊车操作员执行一个称为"转换"的操作程序，将主芯级缓慢移起到垂直状态，然后将其起吊到 3 号高跨间的 16 层高度位置。演练团队还将完成反向性操作，即首先将主芯级吊离高跨间，然后缓慢地将其运送到 VAB 转运过道，并呈水平放置到运输车上。

各演练团队进行引导型主芯级的横向移动和垂直起吊操作，以掌握如何处理实际主芯级的吊装，并确认所有地面保障设备均能处于良好的运行状态，从而获得熟练的操作经验和足够的信心。

(六) 进行公用设施厂房的升级改造

VAB 邻近的公用设施厂房是 KSC 最小的设施之一，但其作用却非常重要。此次升级改造及修整的综合性项目主要包括分阶段拆除和更换现有冷却器和交换设备。目前已更换安装完成的设备包括 2 台 2500t 的冷却装置(仍未运营)、主/附属泵及配套部件、交换设备、变压器、冷却器和冷凝器的水管、冷却塔喷淋与旁路阀门、风扇叶片与驱动轴、齿轮箱、冷却塔臭氧水处理系统、制氧机与配套设备以及发射控制中心和轨道器处理厂房内的锅炉等。后续将安装 2 台 1650t 和 1 台 850t 的冷却器。升级改造的项目包括在公用设施厂房的北侧建造一个存放电气设备的新厂房，以及2021 年 3 月完成运行控制间及配套设备的全面装修与更新。公用设施厂房的升级改造工程将于 2022 年全部完成，届时其将为 KSC内的 17 个操作设施提供所需的任务保障。

(七) 签订第二台活动发射平台建造合同

NASA 选定弗吉尼亚州的 Bechtel 公司进行肯尼迪航天中心第二台活动发射平台(ML－2)的设计与建造。NASA 与该公司签订的建造合同为一项成本加奖励费用的最终产品型合同，总额约为3.83 亿美元。ML－2 主要用于 SLS Block1B 型火箭和猎户座飞船的发射任务，Bechtel 公司将在 44 个月内完成 ML－2 的设计、建造、测试与试运行。

二、俄罗斯正式启动东方航天发射场第二阶段建造工程

2019 年，俄罗斯东方航天发射场建造工程正式进入第二阶段，主要包括安加拉系列运载火箭发射工位、航天员准备区、第一阶段建造工程未完成的地面设施设备以及配套居住生活区。此外还于 7 月 5 日实施了一次联盟 2 - 1b 火箭的发射。

（一）重新签订安加拉火箭发射工位建造合同

2019 年 1 月，俄国家航天集团公司宣布在同年春初签订新的安加拉火箭发射工位建造合同。2 月，俄 Tyazhmash 公司宣布已开始安加拉火箭发射工位推进剂加注与脐带塔的第一阶段装配工作（推进剂加注与脐带塔的装配拟分为 6 个阶段，并与脐带塔的各结构部件生产过程并行展开）。此外，该公司还已完成始于 2018 年的脐带塔桁架中的 2 个基座桁架的建造。5 月，俄国家航天集团公司恢复了与曾因资金问题而被取消建造合同的 Kazan 公司的合作，允许其继续建造安加拉火箭发射工位。9 月，安加拉火箭发射工位的发射台、指挥控制中心、工艺系统集中设施、氧氮存储设施均处于地基开挖以及混凝土浇筑阶段，其中一些设施工程的建造进度较原计划提前数月。10 月，Tyazhmash 公司将安加拉火箭脐带塔和加注塔的第 4、7 层构件运抵发射场；同月，完成安加拉火箭发射台台架的测试。

（二）启动联盟 5/超重型火箭发射工位建造计划

2019 年 1 月，俄联邦政府确定拟在东方航天发射场建造第三个发射工位，编号为 PU3，将在安加拉火箭发射工位建造结束之后开始建设。新型火箭发射工位的建造主要采用拜科努尔航天发射场能源号火箭发射工位的设计建设原则，其通用性建设标准能同时发射联盟 5 中型运载火箭及相应的各组合型号。

（三）普京总统要求东方航天发射场如期完工

普京总统 9 月 6 日在视察东方航天发射场期间参加有关发射

场基础设施发展问题的会议时表示，必须按时在 2022 年 12 月完成东方航天发射场建设工作在内的所有计划，并于 2028 年如期从该发射场发射超重型运载火箭。此外，对于东方航天发射场存在的贪污、滥用工程建设资金等问题，普京表示，他已决定亲自干预发射场的建设工作，还将要求检察院、调查部门及总统办公厅对东方航天发射场的工程进度进行监督和检查。

三、拜科努尔航天发射场获得资金以开展现代化改造

（一）俄主权财富基金与中东合作方投资拜科努尔发射场

俄罗斯直接投资基金（RDIF）将与中东投资方、GK 发射服务公司联合投资进行拜科努尔航天发射场 1 号发射工位（加加林发射工位）的现代化改造，以用于联盟 2 火箭的发射任务。拜科努尔航天发射场 1 号发射工位的现代化改造项目将在俄国家航天集团公司的保障下开展，其目的是极大地增强俄罗斯航天工业在全球发射服务市场中的竞争力，并将先进的俄罗斯航天技术进行商业化应用。

（二）俄哈两国继续开展航天项目合作

在哈萨克斯坦总统纳扎尔巴耶夫于 3 月 19 日宣布辞职后，俄罗斯国家航天集团公司表示将会继续与该国合作开展所有航天项目。根据俄哈两国在 1994 年及后续补充签订的协议，俄继续使用拜科努尔航天发射场直至 2050 年，并每年向哈方支付 1.15 亿美元的使用费。俄哈两国在 2018 年 8 月签订了在拜科努尔航天发射场建造新"拜特列克"发射场的协议，由哈方对现有"天顶"M 火箭发射工位实施现代化升级改造，并拟在 2022 年实施首飞任务。

（三）俄在拜科努尔的发射任务规划面临暂时性难题

俄罗斯在 2020 年拟从拜科努尔航天发射场实施联盟 2 运载火箭的发射任务规划将面临一些技术性难题。2019 年年底，拜科努尔发射场将有 1~2 个发射区要拆除，使得其他发射区要分担所规划的 2020 年 15 次发射任务。31 号发射区的测试设施因要承担 15 次火箭硬件测试而会产生工作效率"瓶颈"问题，此外由于弗里盖特上面级的发射准备期需近 2 个月，因此也无法提高其测试工作平台的效率。

四、全球商业发射场建设日趋繁荣

（一）SpaceX 启动 KSC 39A 发射工位的适应性改造

SpaceX 从 9 月 21 日开始，以非常惊人的速度对肯尼迪航天中心 39A 发射工位进行适应性改造。在开工后不到五天，SpaceX 就已经清理了发射平台，进行了地基打桩，所需混凝土也已运送到位。

39A 发射台的相关升级工作可能需要 6~12 个月的时间完成，这取决于其改造程度以及 SpaceX 希望这些设施使用多长时间。目前，SpaceX 对其只进行了相当少的改造，包括增设混凝土垫、钢发射支架和水冷火箭排气转向器、现有氧/氮/氦地面系统扩展以及一些与雨水管理相关的项目。此外，由于目前从 SpaceX 的博卡奇卡建设基地至 39A 发射工位之间的路段正在建造新的铁路和公路，因此这将给星船飞船的后续运输造成一定困难。

（二）火箭实验室完成在美国境内的首个发射场建造

火箭实验室公司 12 月 12 日宣布，其设在美国弗吉尼亚州沃洛普斯岛中大西洋地区航天港内的首个发射场（LC－2）的发射平台已正式启用，并开展飞行认证，准备在 2020 年年初在美国境内实施首次电子火箭发射。

LC－2 是火箭实验室公司建造的第二个发射场，主要为诸如美国联邦政府各机构等希望在美国境内实施发射任务的用户提供服务，其总体发展目标是保障快速响应发射任务。LC－2 的设计布局与该公司在新西兰建造的第一个发射场(LC－1)类似，但两者略有不同。LC－2 的发射台可开展电子火箭芯级的静态点火试验，而无需采用单独的试车台。此外，LC－2 的火箭组装厂房能同时存放 4 枚火箭，设有 2 间洁净室用于有效载荷的操作处理与管理，并能根据快速响应发射任务的需求，同时将 4 枚火箭运往发射台。

LC－2 还可与 LC－1 相互配合，提供更多的发射服务。LC－1 和 LC－2 这两个发射场可以提供多达 130 次的发射服务，而这种发射场设在不同国家的设计规划具有很大的发展优势，使该公司在国际发射市场上具备更多的灵活性，但火箭实验室公司目前仍未利用这种优势来提供高密度发射任务服务。

(三)NASA 拟在澳大利亚建造首个私营商业航天发射场

NASA 计划与澳大利亚签署一份航天发射场建造合同，拟在澳大利亚北部偏远地区建造其首个私营商业航天发射场，以开展其亚轨道探空火箭的天体物理科学试验。根据 NASA 发布的建设方案声明，NASA 按照无竞争性原则将建设合同授予澳大利亚赤道发射(ELA)这一初创公司，其主要原因是 ELA 是目前唯一一家与发射场和着陆场建设用地签订租约与协议的公司，由此能满足 NASA 在 2020 年 7 月实施发射的计划。此外，NASA 还拟将首批 3 次发射任务交与 ELA 公司实施。目前，ELA 公司正在进行 NASA 私营发射场地面设施设备的各项设计。

根据 NASA 的任务规划，其在新建发射场开展的第一项科研试验是利用摄谱仪对来自阿尔法-半人马座恒星系统的光谱进行测试，以了解其他星球周围可能存在的大气层。第二项科研试验是由威斯康星州立大学负责，发射用于探测星际热气体的测量仪器。

（四）英国航天局向维珍轨道公司提供发射场建设资金

英国航天局 11 月 5 日宣布，将向维珍轨道公司提供 950 万美元的资金，用于英格兰西南部纽基康沃尔（Cornwall）机场（亦称康沃尔航天港）的地面发射与保障设施设备建造以及任务规划活动，以保障该公司的新型商业火箭——"运载器一号"（LauncherOne）空射火箭的发射任务。维珍轨道公司在有关英国政府投资决策的声明中表示，将力争在 2021 年年底从康沃尔航天港进行首次发射。

五、结语

一年来，美国和俄罗斯两个主要航天国家加快完成了肯尼迪航天中心、东方航天发射场以及拜科努尔航天发射场地面设施系统的升级改造、新建工程以及地面设施设备的运行测试，并相应取得了阶段性成果。针对目前商业航天发射场数量不断增加的趋势，欧洲航天局和美国联邦航空局（FAA）均表示极大的支持，认为是越多越好，这也预示着航天发射的良好前景。FAA 商业航天办公室前主任建议制定一项新顶层性政策，如航天政策指令、执行命令或立法，不仅将航天发射场作为发射与返回设施，而应使它们能成为研究、制造及教育等方面的发展中心与技术枢纽，以此确保美国国家的安全，维持美国的技术领先地位，提高国际竞争力。

（北京特种工程设计研究院）

2019 年国际空间站科学与应用发展综述

2018 年 10 月到 2019 年 10 月，国际空间站第 57/58 次和第 59/60 次长期考察任务在技术开发与验证、生物学与生物技术、物理科学、教育和文化活动、人体研究及地球与空间科学 6 大研究领域开展了 337 项科学研究实验，以下就 4 次长期考察任务期间国际空间站空间科学与应用整体研究情况及各领域研究进展和新变化进行综合分析。

一、科学研究与应用概况

在这 4 次长期考察任务中，美国国家航空航天局（NASA）、日本宇宙航空研究开发机构（JAXA）、欧洲航天局（ESA）和加拿大航天局（CSA）在 6 大研究领域支持开展的实验项目数及其中新实验的项数如表 1 所示。实验数据来自 NASA 国际空间站项目数据库。由于俄罗斯国家航天集团公司未公布实验数据，因此本次分析不包括俄罗斯的空间科学实验开展情况。

表 1　国际空间站第 57~60 次长期考察任务中各航天局在各研究领域支持开展的实验项数（括号中为新实验项数）

	技术开发与验证	生物学与生物技术	物理科学	教育和文化活动	人体研究	地球与空间科学	总计
NASA	80(41)	55(41)	36(23)	38(28)	18(5)	17(5)	244(143)
JAXA	18(8)	7(3)	8(2)	1(1)	5(−)	2(−)	41(14)
ESA	9(2)	5(4)	6(−)	6(−)	13(2)	1(−)	40(8)

续表

	技术开发与验证	生物学与生物技术	物理科学	教育和文化活动	人体研究	地球与空间科学	总计
CSA	2（-）	0（-）	0（-）	3（3）	7（2）	0（-）	12（5）
总计	109（51）	67（48）	50（25）	48（32）	43（9）	20（5）	337（170）

在第 57 ~ 60 次长期考察任务开展的全部 337 项实验中，NASA 支持开展 244 项，其中技术开发与验证实验最多，其次为生物学与生物技术实验。JAXA 共支持 41 项实验，其中技术开发与验证实验最多，物理科学和生物学与生物技术次之。此外，ESA 在人体研究和技术开发与验证、CSA 在人体研究方面的实验项目数相对较多。在全部 337 项实验中有 170 项为新实验，其中 143 项由 NASA 支持开展，技术开发与验证、生物学与生物技术、教育和文化活动及物理科学领域的新实验较多。

二、科学研究与应用进展

（一）技术开发与验证实验

1. 研究概况

技术开发与验证实验共计 109 项，其中 51 项为新实验，NASA、JAXA 和 ESA 分别支持开展了 41 项、8 项和 2 项新实验，表征小卫星和控制技术、航天器和轨道环境，以及表征实验硬件等研究方向的新实验最多。

2. 研究进展和新变化

NASA 支持开展了 12 项小卫星和控制技术新实验。KickSat - 2 实验旨在验证微型、大规模分布的商业芯片卫星。"红眼"实验旨在验证轻量级、低功耗、万向节式卫星间通信链路等可提高低成本微卫星实用性的技术。MYSat - 1 实验允许学生利用业余无线电验证通信以及测试姿态控制软件。"技术教育卫星 - 8 - 按需样品返回能力开发"实验旨在验证帮助立方体卫星脱轨的"外构刹车"系统及控制和通信系统。KRAKsat 实验旨在验证用于测量低电离层等离子体特性的立方体卫星。"海豚座-1"实验利用纳卫星拍摄地球图像并对明亮恒星进行时间序列观测。"空间测试计划-休斯敦 6-陆军低成本空间飞行研究、实验和演示-姿态确定和控制系统实验 1"旨在测试和比较多种卫星位置和姿态传感器及其组合。SEOPS 公司共开展了 4 项系列实验："量子雷达"实验通过地面跟踪无源量子雷达卫星研究近地卫星的轨道衰减特性；"埃及国家遥感和空间科学局"实验利用小卫星在不同轨道位置开展成像、各子系统温度测量、磁场测量和电力供应情况测量等研究；ORCA 实验利用小卫星验证航天器之间及天-地射频通信技术；"射频标签卫星"实验旨在验证小卫星射频能量收集和后向散射通信技术。

　　NASA 支持开展了 6 项航天器和轨道环境新实验。"在天鹅座飞船上演示控制力矩陀螺仪，以实现长期近地轨道飞行"实验旨在验证天鹅座飞船在离开国际空间站后执行更长时间自由飞行任务的能力。"弗吉尼亚立方体卫星星座"实验通过测量立方体卫星星座的轨道衰减情况，改进轨道衰减预测模型。"航空立方体卫星-10"实验旨在开展精确的卫星-卫星指向、空气密度测量、蒸汽推进器技术验证和辐射导致的太阳能电池性能退化等研究。"卫星大气再入研究"实验旨在原位测量立方体卫星再入过程中的温度、加速度、压力、位置和转速等参数。"空间测试计划-休斯敦 6-集成微型静电分析仪"实验旨在对电离层密度和温度以及国际空间站内的带电环境开展长期测量。"空间测试计划-休斯敦 6-航天器等离子体诊断套件"实验旨在监测国际空间站与轨道环境之间的相互作用，准确感知空间环境关键特征。

　　NASA 支持开展了 4 项表征实验硬件新实验。"空间测试计划卫星-4"实验旨在验证空间天气传感器、太阳能电池阵列、天线阵列、位置跟踪装置等纳卫星平台部件和传感器。"微重力环境下的残余动量和储罐动力学"实验旨在测试微重力流体从刚性储罐转移到柔性储罐的可行性。"国际空间站深度音频分析"实验利用可移动机器人平台搭载的音频传感器监测声环境。"空间测试计划-休斯敦 6 -航天器的图像和视频处理超算技术"实验利用可重构空间计算机进行图像和视频处理,评估新型天基超算技术。

NASA 支持开展了 3 项"国际空间站材料实验"系列新实验。"国际空间站材料实验- 10 - NASA"和"国际空间站材料实验- 11 - NASA"分别对辐射防护、辐射探测、层压材料、涂层、聚合物、高效轻质太阳能电池系统、复合材料和增材制造材料等 188 个和 349 个样品开展空间环境暴露研究。"国际空间站材料实验- 11 - 商业"对 4 家商业用户提供的 13 项研究和测试样品开展空间环境暴露研究。

NASA 支持开展了 3 项通信和导航新实验。"立方体卫星评估和测试"实验旨在利用立方体卫星为政府主导的通信实验提供支持。"SEOPS 公司-优倍快连接"实验旨在演示小型卫星通信有效载荷与地球上的低功率设备之间的双向连接技术。"空间测试计划-休斯敦 6 - X 射线通信"实验首次利用开关时间达到纳秒级的新型调制 X 射线源演示和验证空间通信和跟踪系统。

NASA 支持开展了 3 项维修和制造技术新实验。"自主系统和运行"实验旨在测试 T2 跑步机增强现实程序。"再造者"实验旨在验证 3D 打印系统回收塑料材料并将其转换为高质量 3D 打印原料的能力。"空间制造-回收器"实验旨在利用空间制造公司 3D 打印机验证聚合物材料回收转化为长丝材料的可行性并检验其强度。

NASA 支持开展了 2 项机器人新实验。"'搜寻者'航天器检测立方体卫星机器人"实验验证可自由飞行的立方体卫星机器人对离开国际空间站的天鹅座飞船的高分辨率拍摄技术。"用于空间自动化物流的辅助自由飞行器"实验旨在测试用于机器人抓取和操控的粘合剂。

NASA 支持开展了 2 项空气、水和表面监测新实验。"航天器大气监测器"实验旨在对国际空间站空气中的痕量挥发性有机化合物进行连续测量。Swiatowid 实验旨在验证具有 3m 级地面采样距离分辨率的立方体卫星拍摄地球图像技术。

NASA 支持开展了 2 项生保系统和宜居性新实验。"热胺洗涤器"实验旨在验证利用主动加热/冷却胺床清除国际空间站内空气中二氧化碳的技术。"密封环境中主动冷却的气流和热特性"实验利用小型循环风机测量各种障碍物周围的气流速度和温度。

NASA 支持开展了 2 项辐射测量和防护新实验。"国际空间站混合电子辐射评估仪"实验旨在评估用于"阿尔忒弥斯-1"任务的辐射探测器的可用性以及性能。"强化光存储信息的超长寿命"实验旨在探究数据存储介质能否抵抗空间辐射。

NASA 还支持开展了其他 2 项新实验。"空间测试计划-休斯敦 6-海军干涉式星跟踪器"实验旨在通过天体导航和图像后处理技术的空间态势感知探测演示并验证可极大提高星体探测和方向测量精度的定位导航授时技术。"零重力烤箱"实验旨在研究微重力下热传导特性和食物烘焙过程,探究空间烹饪食品的安全性。

JAXA 支持开展了 8 项新实验。"小型光通信系统验证"实验旨在验证可从国际空间站和地球静止轨道向地面站传输大量数据的小型光通信系统。"用于空间无源剂量计的智能光纤"实验旨在研究基于热释光响应的光纤剂量计性能。SpooQy-1 实验旨在演示空间偏振纠缠光子对的产生,验证并研究科学载荷技术及载荷老化情况。"小鸟-3"利用国际空间站平台释放 3 颗分别由日本、斯里兰卡和尼泊尔开发的 1U 大小的卫星。"H-2 转移飞行器小型返回舱演示"实验旨在评估 H-2 转移飞行器的返回和回收技术。JAXA 还支持开展了 3 项"暴露实验扶手连接结构"系列实验:

"塑料打印材料暴露"实验研究暴露在空间环境中约 1 年的 3D 打印塑料材料的表面劣化情况;"用于太空电梯的碳纳米管材料空间环境暴露"实验研究空间环境对碳纳米管样品的长期影响;"压电致动器性能"实验研究空间环境对压电材料的影响。

ESA 支持开展了 2 项新实验。"利用先进人机界面提高遥控机器人野外地质学研究绩效"实验验证在国际空间站远程操作地球上的月球漫游车功能。"光生物反应器"实验验证基于微藻的光生物反应器与现有的基于物理化学过程的生保系统的配合情况。

此外,"回声""微重力下生产光纤"等 58 项实验继续开展。

(二)生物学与生物技术实验

1. 研究概况

生物学与生物技术实验共计 67 项,其中新实验有 48 项。

2. 研究进展和新变化

NASA 共支持开展了 41 项新实验,其中细胞生物学研究方向有 12 项新实验。"细胞科学–2"实验在分子和生化水平上研究微重力环境对小鼠骨骼中祖成骨细胞过程的影响。"空间飞行对血管内皮和平滑肌细胞过程的影响"实验旨在研究空间环境下血管细胞的损伤机制。"生物科学–4"实验旨在研究微重力环境对少突胶质细胞祖细胞的影响。"哺乳动物多能干细胞的微重力研究"实验旨在研究重力对哺乳动物多能干细胞分化过程中基本特性的影响。"低温保存哺乳动物细胞国际空间站环境辐射损伤评估"实验旨在评估空间辐射对人体和小鼠细胞的生物学影响,探究不同细胞长期暴露在空间辐射下的反应。"微重力对近端和远端肾小管结构和功能的影响"实验旨在研究微重力和化学接触、水分保存与再循环以及改变饮食摄入等其他空间飞行因素如何影响肾脏健康。"微重力条件下培养人类肌细胞:评估对抗肌萎缩的体外模型"实验旨在评估一种肌细胞自动培养设备。"微重力作为免疫衰老模型以及对组织干细胞和再生的影响"实验旨在从微重力环境下的免疫功能和返回正常重力环境后的细胞恢复两个方面研究衰老与免疫反应失调的关系。"利用器官芯片研究微重力对人体生理的影响"实验旨在评估空间飞行如何影响神经功能和血脑屏障功能。"微重力对帕金森病和多发性硬化症微胶质细胞三维模型的影响"实验旨在研究微胶质细胞如何在立体空间结构中生长和移动，以及微重力暴露导致的基因表达变化。"微重力环境下的肺宿主防御"实验分别比较微重力与地球环境中受感染的人造肺细胞的反应及白细胞从骨髓进入血液的过程。"微重力对人脑类器官的影响"实验旨在观察微重力对人脑组织存活、代谢完整性、细胞功能和表观遗传调控的影响。

NASA 在植物生物学方向支持开展了 8 项新实验。"微重力条件下的微藻生物合成"实验旨在研究微重力对藻类血球菌的影响。"放射性真菌用作潜在辐射屏障的评估"实验旨在探究真菌作为辐射屏障的可行性。"在微重力条件下培育'ABI 旅行者'号麦芽"实验旨在测试微型自动化麦芽培育程序，探究微重力引发的形态和遗传变化。"药用植物种子在微重力环境下的暴露"实验旨在研究微重力对药用植物种子的影响。"阿拉伯联合酋长国棕榈树生长"实验旨在观察记录棕榈树种子的发芽和根茎生长情况。"幼小生命"实验旨在研究空间环境对植物种子和精油的影响。"选择和食用沙拉作物的生产力、营养价值以补充国际空间站食物系统的可接受性"系列实验，分别研究了光和肥料对叶类农作物生长 28 天和 56 天的影响。

NASA 在大分子晶体生长研究方向支持开展了 8 项新实验。"用于中子晶体学的大型蛋白质晶体生长"实验旨在分析人锰超氧化物歧化酶的晶体形状。"糖原合酶-糖原蛋白复合物微重力结晶"实验旨在微重力环境下获得人糖原合酶蛋白晶体。"用于优化中子衍射和蛋白质复合物分析的微重力晶体生长"实验旨在检测并分析磷酸吡哆醛依赖性酶和噬菌体瞬态脱氧核糖核酸修复复合物的晶体。"微重力条件下富亮氨酸重复激酶 2 的结晶 - 2"实验旨在评估微重力条件下富亮氨酸重复激酶 2 蛋白晶体的生长。"空间中大鼠肉瘤结晶"实验旨在微重力环境下培育大鼠肉瘤蛋白晶体。"提高苏氨酸天冬氨酸酶晶体的质量"实验旨在培育苏氨酸天冬氨酸酶及其突变体的共晶体。"单克隆抗体在微重力环境下的稳定性"实验旨在研究微重力环境下单克隆抗体制剂的稳定性。"微重力晶体"实验旨在大量制备一种无法在地球上结晶的肿瘤和癌细胞生长所需的膜蛋白质结晶。

NASA 在微生物学研究方向支持开展了 7 项新实验。"生物营养素"实验演示了一种从可食用培养基中生产类胡萝卜素的微生物工程技术。"表征空间飞行对白色念珠菌适应反应的影响"实验旨在评估微生物对微重力环境的响应，特别是在生理、细胞和分子水平上的变化。"生物膜厚度和生存能力与微生物腐蚀风险增高的关系"实验旨在探究生物膜如何引发微生物腐蚀，评估特定微生物的作用以及活细胞的数量、总质量或生物膜的厚度，并监测由微生物引起的腐蚀速率。"枯草芽孢杆菌种群在空间中的实验进化：变异、选择与种群动态性"实验通过监测不同突变系在不同实验条件下各自的生长速率，估算各突变系的相对适合度，确定对未来空间环境遗传适应性研究有意义的潜在基因。"微重力条件下细菌产生重组蛋白"实验旨在研究含有绿色荧光蛋白的大肠杆菌的行为和荧光特性，探究微重力对转化和荧光过程的影响。"蔬菜生产系统作物栽培环境监测"实验旨在表征国际空间站蔬菜生产系统的微生物群落。"微重力对微生物固氮的影响"实验旨在探究两种固氮菌株的有效性，研究微重力对微生物固氮的影响。

NASA 在动物生物学研究方向上支持开展了 4 项新实验。"空间血管健康：微重力下的微核糖核酸"实验评估重力对小鼠微核糖核酸及对血管损伤反应的影响以及血管修复的效率。"空间中 B 细胞破伤风抗体反应"实验旨在探究空间飞行对抗体产生和免疫记忆功能的影响，验证宿主免疫健康在空间中受损这一假设。"啮齿动物研究-8"实验旨在评估微重力条件下肌肉萎缩情况，量化多个组织器官的多分子标记物变化，表征微重力对小鼠肝脏、脾脏和小肠的影响，测量飞行期间小鼠骨质流失情况。"啮齿动物研究-17"实验旨在利用年轻和年老小鼠作为模型生物评估空间环境中的生理、细胞和分子效应。

NASA 还支持开展了 2 项微囊化方向的新实验。"纳米颗粒配方"实验旨在评估微重力条件下制备纳米颗粒制剂的方法。"在微重力环境中利用绿色超流体技术通过精准靶向纳米颗粒治疗阿尔茨海默病等慢性病"实验旨在评估微重力环境中使用绿色超流体技术生产超微粒子或纳米颗粒输送系统增强药物吸收和传递的效果。

ESA 支持开展了 4 项新实验。"生物岩"实验旨在验证和量化低重力和微重力环境下热对流减少可以抑制细菌生长的假设，探究生物膜是否发生形态和遗传变化。"分子肌肉"实验旨在探究空间飞行中肌肉异常的分子原因。"纳米抗氧化剂"实验旨在研究细胞刺激的创新方法。"淀粉样蛋白聚合"实验旨在探究微重力是否影响淀粉样蛋白原纤维的聚集。

JAXA 支持开展了 3 项新实验。"空间中苔藓的环境响应与利用"实验旨在研究重力对植物生长和生理影响的分子机制。"JAXA 小鼠栖息单元技术验证-4"实验旨在分析长期微重力条件下小鼠基因表达模式的变化，以及微重力对小鼠生殖细胞发育的影响。"JAXA 小鼠栖息单元技术验证-5"实验旨在探究由于重力变化引起的应激是否会改变小鼠机体细胞的基因表达。

此外，"空间飞行诱导的缺氧-ROS 信号""空间环境下蛋白质晶体原位生长"等 19 项实验继续开展。

（三）物理科学实验

1. 研究概况

物理科学实验共计 50 项，其中新实验有 25 项。

2. 研究进展和新变化

NASA 共支持开展了 23 项新实验，其中 9 项是材料科学实验。"微重力环境下制造光缆"实验评估微重力环境下低损耗 ZBLAN 光纤制造工艺，旨在生产高质量 ZBLAN 光纤。"光纤生产"实验旨在在微重力科学手套箱内制造 ZBLAN 光纤，演示拉伸 ZBLAN 光纤加工镜片的过程。"突破固特异轮胎使用二氧化硅填充剂的极限"实验旨在评估微重力环境下采用传统加工方式生产的二氧化硅填料的形态和结构。"合成法设计可伸缩气体分离膜"实验旨在测试利用碳酸钙颗粒合成纳米孔膜的新方法。"Hermes 设施暗盒-1"实验旨在研究包括风化层在内的小行星动力学和表面物质特性。"微重力环境下水凝胶的形成与药物释放"实验旨在研究微重力环境下交联或混合水凝胶的形成和药物释放。"水泥固化微重力研究——多用途可变重力处理设备"实验旨在研究水泥固化的复杂过程。"微重力环境下自愈材料效率"实验旨在观察破碎混凝土孔中的细菌钙化过程。"微重力环境下蛋白质人工视网膜的逐层组装"实验旨在评估薄膜制造系统，研究重力对蛋白质分布、均匀性、稳定性和薄膜性能的影响。

NASA 支持开展了 6 项基础物理实验。"光学显微镜组件-生物物理学 2"实验旨在探究中高等浓度的稠密液相中是否存在蛋白，以及这些粒子能否在浓缩液态环境中发生小尺度有序畴时形成晶核。"光学显微镜组件-生物物理学 5-蛋白质结晶过程中的溶液对流和成核前体"实验旨在探究分子在流体中的对流运动是否增强或抑制稠密液相团簇的形成。"可供电载荷抽屉评估"实验旨在验证运输飞船上为有效载荷供电的抽屉的热力和电力功能。"细胞培养模块的流体行为演示"实验利用普通 96 孔培养板中验证流体交换的变量，探究最佳微重力流体交换程序。"微重力下的电沉积观察"实验旨在观察微重力环境下的电沉积现象。"阿迪达斯公司 OS 旋转诱导的球体特征"实验旨在测量不同形状和纹理的自由飞行皮球的旋转速度、摆动和旋转情况。

NASA 支持开展了 3 项流体物理实验。"环剪切液滴"实验在区分界面效应和流体效应的前提下研究淀粉样蛋白的形成与流动。"植物水管理"实验旨在演示一种可保障根部区域充分吸水和通气的水培方法。"纳米机架-乳胶管"实验旨在探究不混溶液体(如油和水)的分离现象。

NASA 支持开展了 3 项复杂流体实验。"先进胶体实验-温度-4"实验旨在检测有序晶体向无序固体过渡的过程，探究无序固体的增加如何影响结构和动态特性。"先进胶体实验-温度-10"实验旨在研究有序和无序结构(如胶体晶体、玻璃和凝胶)的生长动力学、微观动力学和重组过程，研究胶体流体中的晶体成核、玻璃和凝胶的老化成因以及这些结构中微观动力学的非均匀性。"先进胶体实验-温度-12-纳米颗粒卤化"实验旨在研究微重力环境下纳米颗粒卤化形成的三维胶体结构性质，评估该结构在诱导热刺激下的稳定性。

NASA 还支持开展了 2 项燃烧科学实验。"火焰设计"实验旨在研究烟的产生原因与控制方法。"燃烧速率模拟器"实验旨在评估现有低重力和部分重力环境下的可燃性测试方法。

JAXA 支持开展了 2 项新实验。"未来空间基地载人任务消防安全国际标准基础研究"实验旨在评估不同固体燃料在不同环境条件下的燃烧情况。"滴漏"实验旨在研究重力与行星和类星体表面的尘埃等颗粒行为之间的关系。

此外，"先进胶体实验-温度-2""二元胶体合金测试-量化粘性泥沙动力学用于先进环境建模"等 25 项实验继续开展。

（四）教育和文化活动推广实验

1. 研究概况

教育类实验共计 48 项，其中 32 项为新实验。

2. 研究进展和新变化

NASA 支持开展了 28 项新实验，其中 2 项利用纳米机架开展，研究内容涉及微生物、细胞生物学、植物生物学和晶体培育等。"空间探戈公司有效载荷卡"利用空间探戈公司的立方实验室平台开展了 8 项系列学生开发实验，内容涉及物理学、微生物、细胞生物学和技术演示等。

CSA 支持开展了 3 项新实验。"西红柿 6 号"实验向国际空间站运送并培育了 120 万颗西红柿种子。"通信和拓展－C3－CSA"实验包括多项教育活动，如从空间拍摄的地球视频和图片以及空间站上的生活图片。"加拿大机械臂 2 模型工作坊"实验展示了加拿大航天员为加拿大机械臂 2 模型工作坊录制关于空间机器人执行不同操作的视频。

JAXA 支持开展的"角田空间大米"新实验将一位日本农民种植的水稻种子送往国际空间站，提升宫城县角田市品牌价值。

此外，"冰立方 Hydra－3 脉搏：通过直连激励人们参与国际空间站任务"等 16 项实验继续开展。

（五）人体研究实验

1. 研究概况

人体研究实验共计 43 项，其中新实验有 9 项。

2. 研究进展和新变化

NASA 支持开展了 5 项新实验。"软骨－骨－滑膜微生理系统的多功能可变重力平台研究"实验旨在研究空间飞行对肌肉骨骼疾病生物学的影响，并在空间和地面分别测试预防创伤后骨关节炎药物的效果。"航天标准措施"实验旨在收集航天员飞行前、中、后的测量数据，表征航天员对空间生活的适应性反应和风险。"探测任务中监测行为健康风险的标准化行为措施"实验旨在评估一套可快速、可靠地评估长期空间飞行中出现不良认知或行为状况和精神障碍风险的综合、标准化测量方法。"人类在空间飞行环境中的灵活性和认知能力"实验旨在评估航天员在空间飞行中的灵活性和认知能力。"空间飞行期间饮食对人体免疫反应、肠道菌群和营养状况的综合影响"实验通过跟踪航天员飞行前、中、后的营养数据，表征改善航天饮食对免疫功能、肠道菌群和营养状况指标的关键影响。

ESA 支持开展了 2 项新实验。"国际空间站的营养监测"实验利用生物阻抗分析设备对航天员身体(体重、脂肪质量和无脂肪质量)进行定期评估，测量体能随时间的变化。"轨道声学升级诊断"实验旨在评估国际空间站上的噪声和微重力环境对人类听力可能产生的负面影响。

CSA 支持开展了 2 项新实验。"长时间失重对自我运动感知的影响"实验旨在探究微重力环境对航天员感知运动、方向和距离能力的影响。"空间环境加速血管老化：失重、营养和辐射的作用"实验旨在分析空间站乘组的动脉超声、血液样本、口服葡萄糖耐量和可穿戴传感器数据。

此外，"国际空间站团队任务切换研究""循环核酸液体活检的基因组和表观基因组分析"等 34 项实验继续开展。

(六) 地球与空间科学实验

1. 研究概况

地球与空间科学领域共开展了 20 项实验，其中 5 项为新实验。

2. 研究进展和新变化

5 项新实验均为 NASA 支持开展，其中 4 项为对地观测实验。"轨道碳观测站 - 3"旨在观测地球大气碳循环情况。"在轨演示 1

号-全球环境监测卫星"实验旨在验证轨道微系统公司开发的商业微波气象观测卫星服务。"全球生态系统动力学研究"实验旨在对全球范围森林垂直结构和地形开展高分辨率观测。"空间测试计划-休斯敦 6-近红外气辉相机"利用近红外相机对气辉进行夜间观测，研究近红外观测在天气和环境方面的应用。

NASA 还支持开展了 1 项天体物理学新实验。"国际空间站粒状体成型"实验通过模拟星云条件研究星际尘埃如何逐渐形成较大的颗粒以及颗粒的形状与性质。

此外，"大气-空间相互作用监测器""量热仪型电子望远镜"等 15 项实验继续开展。

三、结束语

国际空间站作为目前唯一长期稳定运行的空间平台，各国政府仍持续为其提供资金支持，并讨论国际空间站运行至 2030 年的可行性，以开展长期载人深空探测所需的科学研究和技术验证，为地球上的人类带来福祉。2019 年 4 月，NASA 发布《国际空间站造福人类(第三版)》报告，列举了在国际空间站上开展的科研活动在促进空间经济发展、开发创新技术、改善地面人类健康、提高对地观测和灾害响应能力以及促进全球教育方面服务国计民生的案例，并首次从经济价值和科学价值两方面对部分科研活动进行了评估。2019 年 6 月，NASA 发布《近地轨道商业开发计划》，旨在扩大对国际空间站的商业应用，将国际空间站更多地向企业开放，让美国的工业创新性和独创性加速近地轨道上的商业经济蓬勃发展。2019 年 4 月，俄罗斯开发出飞船单圈飞行对接方案，可实现约 2 小时内与国际空间站对接，这将极大地缩短航天员在载人飞船上花费的时间，将各种科学实验所需的材料快速运送到国际空间站。可以预见，各国还将继续加强对国际空间站的科研应用。希望借助对国际空间站 2019 年开展的科研实验项目以及其中新实验项目的全面回溯，为我国空间站相关科研应用规划提供借鉴和参考。

（中国科学院科技战略咨询研究院）

专题篇

2020 财年 NASA 载人航天预算分析

摘要：本文对 NASA 的 2020 财年预算进行了梳理，总结了重型运载火箭、深空探索飞船、月球门户空间站、国际空间站、近地轨道运输服务与系统等重点项目的进展和计划。最后，总结归纳了 NASA 载人航天系统的发展特点。

一、总体概况

2019 年 3 月 11 日，NASA 公布了 2020 财年预算案，预算总额为 210.19 亿美元。其中，载人航天探索领域的相关活动集中于深空探索系统以及近地轨道与航天飞行操作，总预算为 93.074 亿美元，占到了 NASA 总预算的 44% 左右，其重要地位可见一斑，具体预算情况见表 1。

表 1　NASA 近年深空探索系统以及近地轨道与

航天飞行操作投入及预算(单位：亿美元)

预算项目	2018 财年实际投入	2019 财年预算（法案通过）	2020 财年预算（申请）
深空探索系统	47.900	50.508	50.217
探索系统研制	43.950	40.928	34.417
猎户座飞船	13.500	13.500	12.662
SLS 项目	21.500	21.500	17.754

续表

预算项目	2018 财年实际投入	2019 财年预算（法案通过）	2020 财年预算（申请）
探索地面系统（EGS）	8.950	5.928	4.001
探索研究与开发	3.950	9.580	15.800
先进探索系统	2.378	—	2.556
先进地月空间与表面能力	—	—	3.630
月球门户空间站	0.172	—	8.214
人体研究	1.400	—	1.400
近地轨道与航天飞行操作	47.492	46.391	42.857
国际空间站	14.930	—	14.582
航天运输	23.458	—	18.286
乘员与货物计划	16.139	—	17.266
商业乘员计划	7.319	—	1.020
空间与飞行支持	9.103	—	8.489
21 世纪航天综合发射设施	0.143	—	—
空间通信和导航	6.388	—	6.110
载人航天飞行操作	1.244	—	0.998
发射服务	0.868	—	0.886
火箭推进系统试验	0.460	—	0.465
通信服务项目	—	—	0.030
近地轨道商业开发	—	—	1.500
总计	95.392	96.899	93.074

二、预算分解及任务情况

（一）深空探索系统

深空探索系统是 NASA 围绕深空探索开展的核心任务领域，包括探索系统研制、探索研究与开发两部分内容，2020 财年申请的预算分别为 34.417 亿美元和 15.8 亿美元。

1. 探索系统研制

2020 财年探索系统研制的总预算为 34.417 亿美元，猎户座飞船、SLS 项目以及探索地面系统项目的预算分别为 12.662、17.754 和 4.001 亿美元。

（1）猎户座飞船

猎户座飞船项目包括飞船研制、猎户座飞船项目集成和支持两部分，分别为 12.557 亿美元和 1050 万美元，总计 12.662 亿美元，比 2019 财年预算减少了 0.838 亿美元。

2018 财年，主要完成了 EM-1 任务飞船主要硬件的生产和组装以及服务舱的结构试验，并完成了降落伞系统的验收试验。2019 财年，计划开展系列推进鉴定舱（PQM）点火试验以及 EM-1 飞船的热真空、声学以及电磁干扰试验，并继续进行 EM-2 猎户座飞船的组件制造和装配。2020 财年，计划完成 EM-1 结构试验件的水上冲击试验、乘员舱与服务舱和发射中止系统（LAS）的集成与交付，继续进行 EM-2 飞船组件生产、安装和试验，并开展交会对接能力验证以及 EM-3 等后续飞船的生产制造工作，为月球门户空间站建设作准备。

（2）SLS 项目

SLS 项目包括运载火箭研制与 SLS 项目集成和支持两部分，预算申请分别为 17.153 亿美元和 6010 万美元，SLS 项目的总预算为 17.754 亿美元，比 2019 财年拨付预算减少了 3.746 亿美元，降低了 17.4%。

2018 财年，完成了发动机段的结构试验。大型液氢和液氧贮箱结构试验件已经竖立在试验台上，2019 年进行结构试验。在斯坦尼斯航天中心 A－1 试验台上完成了研制用 RS－25 发动机系列热试车，对新型控制器进行了验收试验。火箭支架的研制工作已经完成，并已运至肯尼迪航天发射中心。级间段的制造工作也已经完成，2019 年运至肯尼迪航天发射中心。此外，还完成了所有重要的飞行软件和相关航电设备的功能试验。

2019 财年，完成首飞箭级间段的组装，之后运至肯尼迪航天发射中心。名为"探路者"的全尺寸芯级模拟件于 2019 年交付至斯坦尼斯航天中心，在 B－1 试验台进行芯级试车。将已经完成热试车的 RS－25EM－1 飞行用发动机存储在米丘德组装厂，准备与芯级进行组装。完成首飞箭芯级各组成部分的航电安装、试验和集成以及尾裙、喷管等组件的交付。完成首飞箭芯级 RS－25 发动机、发动机段、氢箱、箱间段和氧箱的集成，并运至斯坦尼斯航天中心开展芯级发动机联合试车。此外，推进 EM－2 任务飞行件芯级等主要组件的制造。继续为后续任务制造 RS－25 发动机，将通过先进制造方法将其成本降低 33%。按照预算案要求，研制探索上面级（EUS）。

2020 财年，计划在斯坦尼斯航天中心 B－2 试验台上完成 SLS 首飞箭芯级发动机联合试车，试车过程中将对芯级加载全部推进剂。一旦试车成功，芯级将被运至肯尼迪航天发射中心，完成设计验证评审，为 EM－1 飞行准备评审做准备。2020 财年，SLS 首飞箭所有组件都将运至肯尼迪航天发射中心，并在火箭组装大楼内完成 SLS 火箭与猎户座飞船的集成。将 SLS 项目重点转移至 EM－2 及后续任务，继续进行 EM－2 任务 SLS 芯级、固体助推器等主要组件的制造和试验。此外，将继续进行 RS－25 发动机的生产制造，以支持 EM－4 的后续任务。

（3）探索地面系统

探索地面系统（EGS）在 2020 财年申请的预算为 4.001 亿美元，比 2019 财年拨付的经费减少了 1.927 亿美元，降幅 32.5%。

2018 财年，对 39B 发射工位导流板和导流槽进行了翻新，并完成 2 次喷水降噪试验。完成了移动发射平台乘员通道和脐带的安装，并完成了猎户座服务舱脐带回收试验。移动发射平台通过 2 号履带式运输车转移至 39B 发射工位，验证了平台与工位的匹配性，并完成了为期几天的系统试验。之后，移动发射平台返回火箭组装大楼 3 号高跨间。完成 EGS 集成评审，对"多载荷处理设施"进行了"多元验证与校核"。此外，EGS 完成了第 6 次猎户座飞船回收演练，以及飞船的"线下"处理。

2019 财年，完成移动发射平台在火箭组装大楼内的为期 7 个月的系统试验。EGS 将持续进行地面系统研制，包括移动发射平台的结构改进，地面支持设备、火箭组装大楼高跨间 3 号和 4 号工作平台的安装，以及环境控制系统的收尾工作，并计划授出第二个移动发射平台的建设合同。计划在火箭组装大楼建造新的工作平台，并开始在 39B 发射工位建设新型大型液氢储罐。此外，完成了第 7 次猎户座飞船回收演练，并将为飞船服务舱的系列试验、与乘员舱的对接、为期 60 天的热真空试验等提供支持。

2020 财年，将完成猎户座飞船的第 8 次和第 9 次回收演练，为 EM－1 任务猎户座飞船处理、SLS 首飞箭组装、SLS/猎户座集成与试验等提供地面支持，并完成 EM－1 探索任务的地面操作流程演练。继续推进地面系统研制，为 SLS 后续任务做准备，包括发射工位和火箭组装大楼环境控制系统的改进、转换压缩设施（CCF）的翻新、移动发射平台的升级以及液氢储罐的建设等。

2. 探索研究与开发

探索研究与开发包含 4 个项目，包括先进探索系统、先进地月空间与表面能力、月球门户空间站和人体研究项目，2020 财年预算分别为 2.556 亿美元、3.63 亿美元、8.214 亿美元和 1.4 亿美元。与 2019 财年相比，探索研究与开发总预算增加了 6.22 亿美元，增幅为 64.9%。探索研究与开发项目旨在通过政府活动、公私及国际合作方式研究与开发高优先级技术与能力，为载人深空探索任务奠定技术基础。

（1）先进地月空间与表面能力

先进地月空间与表面能力（ACSC）项目是 NASA 载人月球探索体系的主要组成部分，通过商业和国际合作，开展月球科学研究，研制载人着陆系统，最终实现美国人在月球的长期驻留。在该项目下，NASA 将完成载人月球着陆探索框架的设计，计划 2024 年和 2026 年进行无人验证飞行任务，2028 年完成载人登月验证任务[①]。2020 财年，ACSC 项目总预算为 3.63 亿美元，重点将与工业界合作，为 2024 年的无人飞行任务研制着陆器下降舱，计划由运载能力最大的商业运载火箭进行发射；为 2026 年无人飞行任务的可重复使用拖船进行研究、设计以及开展风险降低活动，实现着陆器在"门户"与低月球轨道之间的运输；开始可重复使用上升舱的研制，可将航天员从月面送回"门户"；开始对在"门户"附近建造推进剂加注站开展研究和风险降低活动，在"门户"实现载人着陆系统可重复使用组成部分的推进剂加注，最终实现载人探月的可持续性，并为月球以远目的地的探索奠定基础。

（2）月球门户空间站

月球门户空间站是一个绕月飞行空间站，主要由居住舱、电力和推进模块、舱外活动模块以及货物/后勤舱组成。"门户"是美国载人深空探索体系的一个重要组成部分，是载人重返月球的中转站，为载人深空探索任务提供着陆系统各舱段的对接平台以及推进剂加注、后勤保障、科学研究等服务，实现美国载人深空

---

① 由于预算发布时间早于"阿尔忒弥斯"计划的提出，因此当时目标还是 2028 年载人登月。

探索的可持续性发展。2020 财年，"门户"项目获得了 8.214 亿美元的预算支持，重点工作包括：继续与最新选出的电力与推进模块(PPE)工业伙伴进行合作，确保其研制进度，包括设计评审、元件采购等；计划在 2020 年选定美国居住舱的研制单位；继续与商业伙伴合作，为"门户"居住、航电、飞行软件、生命支持、在轨推进剂加注等方面提供建设支持。

（二）近地轨道与航天飞行操作

近地轨道与航天飞行操作包括国际空间站、航天运输、空间与飞行支持以及近地轨道商业开发，2020 财年的预算分别为 14.582 亿美元、18.286 亿美元、8.489 亿美元和 1.5 亿美元。

1. 航天运输

2020 财年，航天运输总预算为 18.286 亿美元，"乘员与货物计划"和"商业乘员计划"(CCP)的预算经费分别为 17.266 亿美元和 1.02 亿美元。

（1）乘员与货物计划

NASA 通过商业补给服务(CRS)合同向诺斯罗普·格鲁门公司、SpaceX 公司和内华达山脉公司采购货物发射服务，目前已经授出第二轮 CRS 合同，在 2019 — 2024 年期间执行国际空间站的货物运输。乘员发射服务则是向俄罗斯购买，直到美国恢复近地轨道载人能力。

在第二轮商业补给服务(CRS－2)合同中，SpaceX 和诺斯罗普·格鲁门公司分别完成初步设计和关键设计评审，而内华达山脉公司完成飞行器投放试验，为关键设计评审奠定基础。2019 财年，完成了 5 次商业补给飞行，其中诺斯罗普·格鲁门公司 2 次，SpaceX 公司 3 次。内华达山脉公司计划完成 3 项具有里程碑意义的性能提升，以支持第二轮商业补给服务(CRS－2)合同。2020 财年，NASA 计划进行 6 次商业补给飞行，其中诺斯罗普·格鲁门公司 2 次，SpaceX 公司 3 次，内华达山脉公司 1 次。

（2）商业乘员计划

商业乘员计划（CCP）包括"商业乘员开发""商业乘员集成能力""商业乘员运输能力"3 个项目。目前，波音公司和 SpaceX 公司正在推进商业乘员运输系统的研发。

2018 财年，波音公司完成了星际客船的部分设计、研制、试验和评估工作，完成宇宙神 5 火箭的半人马座上面级发动机试车。SpaceX 公司主要完成了载人龙飞船的环境试验、隼发动机鉴定试验、无人和载人验证飞行中系统集成检测等工作，还在肯尼迪航天中心的 39A 发射台安装了载人进入通道并完成了相关结构改进工作。2019 财年，波音和 SpaceX 公司完成两次无人试验飞行，并完成火箭鉴定与集成试验、飞行准备工作以及最终验证。2020 财年，随着"商业乘员运输能力"研发和认证阶段结束，该项目下研发的载人运输系统将开始国际空间站的人员运输服务。

2. 近地轨道商业开发

近地轨道商业开发项目最初是在 2019 财年预算申请中增加的，申请金额为 1.5 亿美元，但并未获得批复。2020 财年，NASA 又为该项目申请了 1.5 亿美元。

2018 财年，NASA 通过国际空间站预算，与 12 家工业部门共同研究近地轨道的商业化运营模式，对未来政府在近地轨道活动中的作用以及在国际空间站向近地轨道商业化平台转变过程中政府角色的变化进行研究。2019 财年，NASA 通过公开竞争开发商业近地轨道目的地，满足其长期需求并确保其在 ISS 过渡期间持续拥有近地轨道运营能力，计划在 2019 财年结束前完成近地轨道商业平台方案的选择。2020 财年，持续在重点领域、市场调查或其他活动中开展研究，确保 NASA 做出的政策和投资决策更加有效，从而实现其未来长期发展目标。

三、载人航天预算分析

（1）明确载人重返月球实施方案，推动美国载人深空探索的可持续发展

2020 财年，SLS 火箭、猎户座飞船等探索系统研制项目仍然保持着一个较高的申请额度；而在探索研究与开发项目中，从 2019 财年开始增加了先进地月空间与表面能力和月球门户空间站两个研制项目，到 2020 财年两个项目的预算申请有了很大的增幅，以实现特朗普政府的载人重返月球目标。在预算案发布后不久，美国副总统彭斯提出要提前 4 年即 2024 年实现载人重返月球，并指示 NASA 为其载人空间探索规划加速。在此背景下，NASA 于 5 月发布了《2020 财年预算修正案》，延续了预算案中提出的在美国的领导以及商业及国际合作的前提下，依靠 SLS 重型运载火箭、猎户座飞船、月球门户空间站以及载人月球着陆系统实现美国对月球乃至火星可持续深空探索的发展目标，并宣布为其追加 16 亿美元的研制经费，全力保障提前重返月球任务的完成。经过国会两院的审议，NASA 在深空探索系统上获得的经费超过 60 亿美元，相比预算申请额超出了约 10 亿美元，其中 SLS 项目增加额超过 8 亿美元，月球门户空间站项目减少了近 4 亿美元，而其他项目都有一定的增加。

基于申请和追加经费的使用方向，NASA 将在 2020 财年重点推进 SLS 火箭首飞箭芯级动力系统试车、EUS 探索上面级研制、ML－2 活动发射平台制造以及 EM－2 任务火箭及飞船主要组件的制造和试验等；建设最简版月球门户空间站；充分依靠工业界的合作，明确载人月球着陆器的研制方案，为实现 2024 年的载人重返月球目标奠定基础，并推动载人深空探索的可持续发展。

（2）近地轨道商业运输系统逐步成熟，为建立近地轨道空间经济体系奠定基础

自航天飞机退役以来，美国一直依靠俄罗斯联盟号飞船来实现近地轨道货物和乘员运输。目前，NASA 已通过商业公司形成了近地轨道货物往返运输能力，正在稳步推进商业载人运输系统的研制。一旦 SpaceX 公司和波音公司进行首次载人飞行，将实现美国载人航天能力的回归。届时，NASA 通过商业运输系统将搭建美国近地轨道的货物和人员运输能力，为近地轨道商业活动的开展和运营奠定基础。在 2020 财年预算中，NASA 为近地轨道商业化开发项目申请了 1.5 亿美元，用于开展基于国际空间站的平台或其他商业化平台方案研究，旨在基于商业公司打造后国际空间站时代美国近地轨道商业化运营模式，逐步建立近地轨道空间经济体系。一旦近地轨道空间经济体系建成，未来近地轨道平台将全部交由商业公司运营，而 NASA 仅作为商业航天领域的用户参与其中。

（北京航天长征科技信息研究所）

美国新一轮载人月球探索发展分析

摘要：近年来，世界主要航天国家再次将载人月球探索列为重点发展领域，全球迎来新一轮探月热潮。2019 年 3 月 26 日，美国副总统迈克·彭斯在国家航天委员会第五次会议上宣布未来五年内（即 2024 年前），从美国本土利用美国运载火箭将美国航天员送上月球的计划。本报告对美国主导的新一轮载人月球探测发展情况进行研究，并在此基础上总结其发展特点。

一、整体情况

载人月球探测再次成为航天大国竞争与合作的焦点，全球迎来新一轮探月热潮。美国政府聚焦深空探索，以火星探测为长远目标，持续加强核心能力建设，重启了"重返月球"计划，提出月球轨道平台建造计划，同时不断加大商业化和国际合作力度，加快载人月球探测步伐。

(一) 总体规划

美国在 20 世纪 50 年代末与苏联的首轮"太空竞赛"中失利，从而于 1961 年启动"阿波罗"载人登月计划，于 1969 年 7 月 20 日实现了人类首次登陆月球，奠定了美国在航天领域的重要地位。随后，美苏进行战略调整，美国将发展重点转向航天飞机和空间站，探索载人航天的应用价值。小布什总统在 2004 年 1 月公布了《太空探索新愿景》，将载人航天活动聚焦在探索和发现上，确立了使美国人再次登上月球、并最终登陆火星的目标。但是随后的奥巴马政府对国家载人航天发展战略进行了调整，取消了载人重返月球计划。特朗普执政后，发布一号总统航天政策令确定重启重返月球计划。

NASA 最初计划 2028 年实现载人登月，但美国国家航天委员会第五次会议决定将此目标提前至 2024 年。美国副总统彭斯在会上说，"现在我代表特朗普总统向大家宣布，美国将于未来五年内实现，从美国本土，用美国运载火箭将美国航天员送回月球表面"，并提出"登上月球的首位女航天员和下一位男航天员将是美国人"。NASA 为落实加速重返月球要求，全力协调现有技术、接近完成的大型系统、商业运载火箭等资源。为加快载人月球探测步伐，NASA 一方面推进新型重型运载火箭航天发射系统和新一代载人飞船猎户座的研制，另一方面将与商业公司的合作从近地轨道延伸至月球，利用商业月球载荷服务开展无人月球探测，并支持商业公司开展月球着陆器的方案设计和研制工作。此外，美国还推动与欧洲、日本和加拿大等航天力量开展载人月球探测合作。

2019 年 5 月，NASA 宣布将月球项目命名为"阿尔忒弥斯"计划，并已选定月球南极作为着陆区，建立月球基地。

（二）系统构成

"阿尔忒弥斯"计划由地-月运输系统(运载火箭、载人飞船、货运飞船)、月球轨道空间站(月球门户空间站)、月球轨道-月球表面运输系统(月球着陆器)、月球表面系统(月球基地)、月球-火星运输系统(深空运输飞船)、火星表面系统(火星基地)等部分构成。

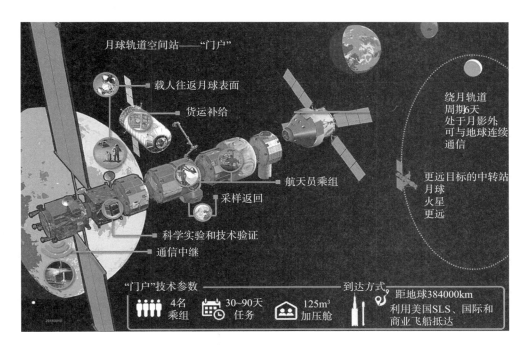

图 1　美国载人月球探测计划关键系统

表 1　月球及更远空间载人航天装备体系

类型	装备	功能
地–月运输系统	航天发射系统	向月球发射各类重要装备
	商业运载火箭	向月球提供商业化发射
	猎户座飞船	地月空间乘员运输
	月球轨道货运飞船	地月空间货物运输
月球轨道空间站	"门户"	整个系统的核心和枢纽，作为地球、月球、火星之间的中转站
月球轨道–月球表面运输系统	月球着陆器	"门户"与月球表面之间的人员、货物运输

续表

类型	装备	功能
月球表面系统	月球基地	月球表面系统，提供月球长期生存关键设施，开展在月球表面的科学研究
月球-火星运输系统	深空运输飞船	"门户"到火星轨道的人员、货物运输
火星表面系统	火星基地	火星表面系统，提供火星生存的关键设施，生产系统所需燃料，开展在火星表面的科学研究

（三）任务计划

2019 年，NASA 发布了《综合探索任务清单：2019～2024》，规划在 2024 年登月、2028 年建立月球基地。根据该规划，NASA 共实施 37 次发射（包括 8 次航天发射系统任务和 29 次商业运载火箭任务），开展月球门户小型地月空间站建设工作、6 批载人月球探测任务、11 次月面无人探测任务。

"阿尔忒弥斯"计划整体分两个阶段实施，第一个阶段关注速度，计划在 2024 年实现载人登月；第二个阶段关注可持续性，将支持月面长期活动，并为载人火星探测做准备。最新的重返月球进度为：

● 2019 年在"商业月球有效载荷服务"（CLPS）计划下，由商业公司向月球表面运送科学仪器等，为载人登月准备物资；

● 2020 年使用航天发射系统火箭和猎户座飞船执行无人飞行试验——"阿尔忒弥斯-1"任务，进行载人技术演示验证，此外，部署立方体卫星进行实验和其他技术演示验证；

● 2022 年执行"阿尔忒弥斯-2"任务，首次载人绕月飞行，以及利用商业公司火箭发射"门户"的电源和推进模块；

● 2023 年，与商业公司合作，发射包括月球车在内的移动平台，探寻月球表面的水冰，进行月球表面水资源的开发和利用；

● 2024 年，载人登月；

● 21 世纪 30 年代，载人火星探测。

二、美国新一轮载人月球探测发展分析

（一）政治不确定性成为新一轮载人月球探测的最大风险

由于国际政治存在较大变数，全球经济形势不容乐观，载人月球探测实施方案尚未最终确定，发生重大变化的风险显著增加。美国航天计划历来受政治因素影响明显，随着美国成为世界唯一的超级大国、国家层面长期共同目标淡化、两党分歧加剧，这一现象更加显著，多次出现美国新总统上任后太空探索中长期目标发生变化的情况。

此次美国提出 2024 年载人重返月球可认为是特朗普总统出于政治考量的一项大胆决策，提前实现载人重返月球、在新一轮载人月球探测活动中领先俄罗斯和中国、实现首位女航天员登月等成绩也可成为特朗普的重要政绩。在 2019 年 6 月 7 日，特朗普发布推特称"鉴于我们花费的所有经费，NASA 不应该总是讨论登月，我们在 50 年前已经实现了登月。NASA 应该关注我们正在做的更大的事情，包括火星(月球是其中的一部分)、防务和科学！"此举为航天业界带来更多困惑。尽管白宫随后对此作出解释，澄清将继续推进载人月球探测计划，但业界对政策不确定性的担忧情绪加剧。NASA 认为载人登月的最大困难不在于技术风险，而是政治风险。

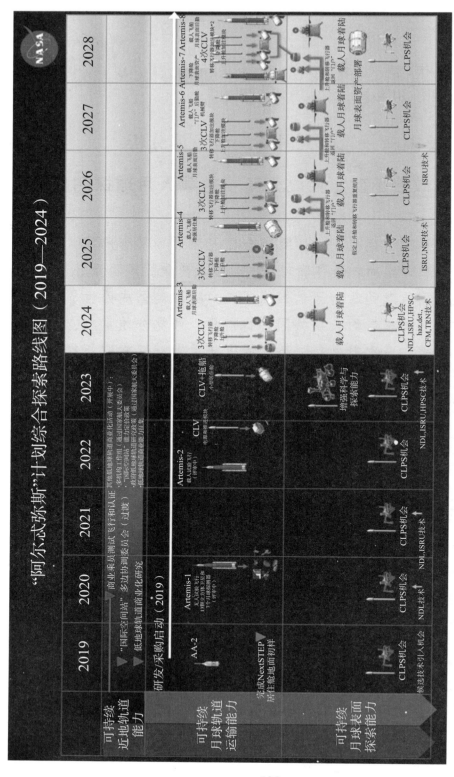

图 2 美国"阿尔忒弥斯"计划综合探索路线图（2019—2024）

注：AA—发射逃逸试验；CLV—商业运载火箭；CLPS—商业月球载荷服务；NDL—导航多普勒雷达；ISRU—原位资源利用；HPSC—高性能飞行计算；haz. det.—障碍检测；CFM—低温液体管理；TRN—地形相对导航；NSP—月球表面核电源

（二）国际化、商业化模式推动载人月球探测可持续发展

美国在近地轨道成功推行商业化发展模式，借此降低载人航天活动成本，提升自主化程度。随着加速重返月球的提出，美国计划将此经验推广至月球及更远空间，利用"商业月球有效载荷服务"向月球表面运输探测载荷，并利用商业火箭为"阿尔忒弥斯"计划运送无人舱段。

此举使美国载人月球探测实施主体呈现多元化趋势，通过公私合作关系以及其他机制，构建了以国家航天力量为主体、重点攻关高难度关键系统和技术，以商业航天力量为补充、提升项目实施的效率和效益的新型发展模式，有助于降低实施成本，释放美国工业界活力，打通合作伙伴间采购、研发、共同行动等所有环节，实现快速可持续发展。

美国除了将商业力量引入载人月球探测计划外，还注重国际化发展，已与欧洲、日本、加拿大等确定共同开展载人月球探测，确保计划的可持续性。这些国家和地区已参与"国际空间站"项目，在开展合作方面积累了丰富的经验，将在"阿尔忒弥斯"计划中，参与载人飞船研制、货运补给服务、地月空间站和月球基地建设等活动。

（三）关注载人月球探测实际效益，注重技术继承与创新

在实施方案方面，新一轮载人月球探测活动呈现出与此前载人登月不同的特点。"太空竞赛"时期，美苏关注重点是在各项太空领域中领先对方，"阿波罗"计划为单次任务方案；新一轮载人月球探测将不只是单次任务，更加注重实际用途，NASA对于月球探测提出"这一次，我们留下！"（This time, we stay！）的口号，拟开展长期、可持续的月球探测任务，建立地月空间站和月球基地。

从技术途径看，载人月球探测任务模式更加丰富。面对计划和方案的不确定性，主要航天国家以技术为牵引，加快共性技术、关键系统的研发。美国以运输系统为核心，重点投入，开展重型运载火箭、支持深空任务的载人飞船的研发，未来这些系统可用于多种类型的任务。美国以地月空间站为枢纽，注重任务的可拓展性，近期可支持载人月球探测任务，远期可用作载人火星探测的前哨站，支持火星探测任务实施。此外，美国通过对现有技术的继承和创新，充分借鉴现有卫星平台、国际空间站、空间机器人相关技术，并采用无人和有人相结合的方式，加快月球探测步伐。

三、结束语

世界范围正在掀起新一轮载人月球探测热潮，美俄积极推进关键系统和技术的研发，美国更是有意加速重返月球，确保本国的领先地位。相较"阿波罗"计划，新时期孕育的新一轮热潮也呈现出新的特点，其技术方案的起点和目标更高，注重引入国际化、商业化力量实现可持续发展，但政治不确定性和经费落实情况已成为载人月球探测的重要风险因素。

（北京空间科技信息研究所）

SpaceX 公司载人龙飞船方案及技术特点分析

摘要：载人龙飞船是 SpaceX 公司研制的新一代载人飞船，具有可重复使用、乘员运输能力强、操作友好等特点，能够执行低成本、业务化的低地球轨道载人航天飞行任务。通过研究载人龙飞船项目背景，分析飞船的总体设计方案，以及交会对接、着陆、推进、发射逃逸、防护、电源等分系统，研究载人龙飞船发射入轨、交会对接、离轨返回等典型任务执行情况，得出飞船的设计特点，对于新型载人飞船的设计具有重要参考价值。

美国大力推进载人航天商业化发展，以载人龙飞船为代表的商业载人飞船取得了显著的发展，并呈现出技术创新、成本低廉等特点。2019 年载人龙飞船首次飞行试验成功。

一、载人龙飞船项目背景

随着航天技术的发展，近地轨道技术日趋成熟，美国将未来的目标定位于更复杂的载人深空探索。航天飞机退役后，美国只能依靠俄罗斯的联盟飞船执行载人航天飞行任务。针对这种情况，NASA 将低地球轨道载人航天活动移交商业公司。目前，商业货运补给服务已经开始提供服务，商业乘员运输处于发展之中。SpaceX 的载人龙飞船和波音公司的星际客船入选 NASA 商业乘员计划，均在 2019 年完成无人飞行试验，并计划在 2020 年开展载人飞行试验，加速推动商业载人航天任务的发展进程。

二、载人龙飞船任务情况

表 1　载人龙飞船试验及飞行任务安排

任务	飞船	发射时间	简介	状态
发射台逃逸试验	蜻蜓	2015.5.6	发射台逃逸试验	成功
无人飞行试验	C201	2019.3.2	首次轨道飞行试验，为无人飞行任务	成功
飞行过程逃逸试验	C201	2020	开展飞行过程逃逸试验任务	成功
载人飞行试验	C203	2020	载人飞行试验，执行2人2周飞行任务	计划
商业乘员运输服务-1	待定	2020 年后	载人龙飞船开展业务化乘员运输服务；在无人飞行试验和载人飞行试验取得成功的情况下，NASA 将授予 SpaceX 公司 6 次乘员运输任务	计划
商业乘员运输服务-2	待定	2020 年后		计划
商业乘员运输服务-3	待定	2020 年后		计划
商业乘员运输服务-4	待定	2020 年后		计划
商业乘员运输服务-5	待定	2020 年后		计划
商业乘员运输服务-6	待定	2020 年后		计划

（一）无人飞行试验任务

SpaceX 公司安排了 2 次载人龙飞船的飞行试验任务。第一次任务为无人飞行试验任务（SpX－Demo－1），于美国东部时间 2019 年 3 月 2 日 2:49(北京时间 3 月 2 日 15:49)进行，SpaceX 公司在佛罗里达州肯尼迪航天中心 39A 发射台利用猎鹰 9 运载火箭成功将载人龙飞船发射入轨，载人龙飞船顺利完成与国际空间站的交会对接，并于 3 月 8 日再入返回。该任务是 NASA 商业乘员计划的重要组成部分，也是商业建造并运营的美国载人飞船的首次发射。

（二）发射逃逸试验

在无人飞行试验任务之后，SpaceX 公司安排了一次发射逃逸试验，但是在试验前的地面静态点火中发生爆炸事故。

2019 年 4 月 20 日，SpaceX 公司利用首次无人飞行试验任务（DM－1）回收的载人龙飞船进行了一次发动机静态点火试验，目的是在原定 2019 年 7 月的发射逃逸试验之前验证各系统的功能，并检测是否存在其他系统级问题。静态点火试验首先测试了载人龙飞船的 12 台天龙座发动机，试验进展顺利；但是在随后的 8 台超级天龙座发动机点火时发生爆炸，飞船被炸毁。

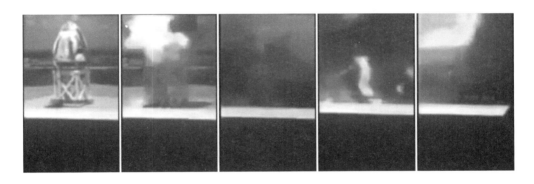

图 1　载人龙飞船静态点火试验爆炸现场

SpaceX 公司与 NASA、联邦航空管理局（FAA）和国家运输安全委员会（NTSB）组成联合调查组。2019 年 7 月 15 日公布的调查结果显示，在 8 台超级天龙座发动机点火前的 100ms，推进系统加压过程中发生异常。组件泄漏致使少量氧化剂（四氧化二氮）液段进入高压氦管，启动发射逃逸系统时，四氧化二氮液段在氦气驱动下高速通过氦止回阀（check valve），钛金属组件在高压四氧化二氮环境中燃烧，并进一步引起爆炸。此前，航天专家并未意料到高压环境下钛金属与四氧化二氮之间的反应，钛金属在各国多种航天器上安全使用了数十年。

调查得出结论后，SpaceX 公司采取了相关解决措施，对发射逃逸系统设计进行了微调，例如取消发射逃逸系统液体推进剂进入气体增压系统的所有通道，利用安全隔板(burst disk)替代止回阀完全消除风险。止回阀通常只允许液体单向流动，但仍可能会有少量的液段漏出，而安全隔板在被高压气体打开前是完全密封的。

经过改进设计后，SpaceX 公司于美国东部标准时间 2019 年 11 月 13 日 15:08(北京时间 11 月 14 日 4:08)，在佛罗里达州卡纳维拉尔角空军基地一号着陆区成功开展载人龙飞船一系列静态点火试验。

(三)后续载人飞行试验任务

第二次任务为载人飞行试验，计划于 2020 年进行，将完成 2 人 2 周的飞行任务，届时将运送 2 名美国航天员罗伯特·贝肯、道格拉斯·赫利至国际空间站。

飞行试验任务顺利完成后，NASA 将正式进入商业乘员运输阶段，授予 SpaceX 公司 6 次乘员运输任务。每次任务将最多搭乘 4 名航天员，同时向国际空间站运送 100kg 货物。

三、载人龙飞船系统设计

载人龙飞船是 SpaceX 公司研制的新一代载人飞船，由美国政府资助，SpaceX 公司研制。未来，NASA 只需支付政府航天员运送费用，而由 SpaceX 公司完成飞船的研制、发射和运行任务。载人龙飞船具有可重复使用、乘员运输能力强、内部空间大、操作友好等特点，能够执行低成本、商业化的低地球载人航天飞行任务。

(一)总体设计

载人龙飞船采用两舱段设计方案，包括乘员舱和非密封舱

(Trunk)两部分，设计最多可搭乘 7 名航天员，独立飞行时可工作 1 周，对接状态下可工作 210 天。飞船直径 4m，高度 8.1m，侧壁倾斜角 15°，加压容积达 $9.3m^3$，非加压容积达 $37m^3$，干质量 9525kg，上行载荷能力 6000kg，下行载荷能力 3000kg，能处理废弃物 800kg。

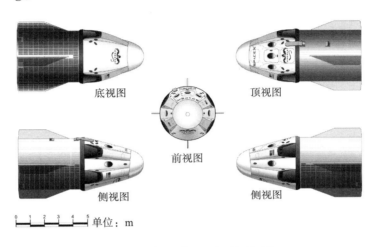

图 2　载人龙飞船结构图

非密封舱可为载人龙飞船提供服务，同时可携带非加压货物。非密封舱表面安装了新设计的太阳电池阵，4 个尾翼在紧急分离情况下可提供气动稳定性，同时安装了热辐射器辅助飞船热控制。

(二)分系统设计

(1)交会对接

● 自主交会对接+手动交会对接；

● 根据"国际对接系统标准"(IDSS)设计，使用 NASA 对接系统，安装在飞船前部，发射和再入时被飞船头锥保护；

● 利用热成像仪、激光测距传感器、相对 GPS 导航系统等提供导航，接近国际空间站。

(2)着陆系统

● 降落伞减速–水面溅落的方式精确回收；

● 安装 2 个引导伞和 4 个主减速伞，减速伞进行了全新设计，以满足在各种发射逃逸情况下打开降落伞的需求；

● 飞船内安装了可移动式配重滑轨系统，在再入过程中可对飞船进行更加精确的姿态控制，从而精确控制着陆点位置。

（3）推进系统

● 飞船外侧安装 4 组推力器装置，每组配置了 2 台超级天龙座发动机和 4 台天龙座发动机；

● 天龙座发动机主要用于在轨机动；

● 超级天龙座发动机主要用于发射逃逸（原计划也可用于软着陆）。采用甲基肼和四氧化二氮推进，单台发动机可提供 71.2kN 推力，具备深度调节能力，可支持飞船执行高精度机动（例如悬停飞行）；

● 超级天龙座发动机安装在保护舱内，防止单台发动机失效引起故障扩散；

● 超级天龙座发动机燃烧室采用 3D 打印技术制造，由高性能镍铬基高温合金（Inconel）金属粉末激光直接烧结工艺制成；

● 采用了碳纤维包裹钛金属的球形燃料储罐，用于存储加压氦气、甲基肼和四氧化二氮。

（4）发射逃逸系统

● 集成式的发射逃逸方案：不需要逃逸塔，利用 8 台超级天龙座发动机产生高达 534kN 的轴向推力，将乘员推到安全地带；

● 快速响应中止指令：点火指令发出后 100ms 内，超级天龙座发动机可达到全推力；

● 集成式的发射逃逸方案相较传统的逃逸塔方案具有多项优势：能够在发射的全过程提供乘员逃逸能力；由于避免了级间分离过程，可提高乘员安全性；逃逸系统可重复使用；逃逸发动机能够在陆地着陆场定点软着陆的情况下提供推力（此方案暂停研发）。

（5）防护系统

● 采用了升级的第三代 PICA－X 隔热罩（即底盖）和 SpaceX 研制的 SPAM 后盖（即外壳），再入时可承受 1600℃ 高温；

● 具备失压防护能力，出现等效 6.35mm 孔隙的情况下，飞船可安全再入返回。

（6）电源系统

● 在载人龙飞船非密封舱表面一侧粘贴太阳能电池，任何角度的阳光照射均可发电；

● 不配备太阳帆板，避免帆板展开、对准等过程，提升系统可靠性，简洁、一体化的设计可支持飞船直接安装在运载火箭上发射，不需要使用整流罩。

（7）飞船其他系统

● 环境控制与生命保障系统（ECLSS）：与帕拉贡宇航开发公司（Paragon）合作开发；

● 座椅：使用轻量结构固定在舱壁上，每个座椅能适应身高 195cm、体重 113kg 以内的航天员；座椅在发射和再入过程中，能够调整角度，减小航天员身体负荷；

● 飞行计算机：飞船驾驶员和副驾驶员利用触屏飞行计算机进行控制，共 4 块屏幕分为 2 组，互为备份；为提高大过载情况的可靠性，增加关键功能的实体按键作为补充。

（8）航天服

● SpaceX 公司研制，针对航天员定制；

● 发射和再入过程中，航天员需穿着航天服，以防止舱内出现减压的紧急情况；

● 航天服与座椅通过单连接点连接；

● 一整片材料制成，更加轻便，外层材料可防火焰烧蚀；

● 内置通信和冷却系统，提供通信和温度调节能力；

● 使用 3D 打印的头盔，发射和再入过程中具备听力保护能力；

- 配备可支持触屏的手套；
- 防滑鞋可使航天员将脚固定在踏板上。

四、载人龙飞船典型任务

以载人龙飞船首次无人飞行试验为例，说明其执行典型任务的具体情况。任务的重要节点如下。

表 2　载人龙飞船飞行试验任务重要节点

时间	事件
发射前准备	加注气体、推进剂、供电等
T_0	火箭点火发射
$T_0+11\text{min}$	飞船入轨
$T_0+27\text{h}$	飞船与国际空间站对接
$T_0+6\text{d}$	飞船与国际空间站分离
$T_0+6\text{d}$	飞船减速，再入大气，溅落大西洋

（一）发射入轨

本次任务发射过程按照 NASA 和 SpaceX 公司确定的发射场操作程序进行。猎鹰 9 运载火箭在零发射窗口点火，顺利将载人龙飞船送入预定轨道，并成功实现运载火箭第一级的海上垂直回收。

表 3　猎鹰 9 运载火箭发射载人龙飞船时序

时间	事件	时间	事件
发射前	加注高压液氮	T_0	发射
$T_0-45\text{min}$	指挥员发出允许推进剂加注指令	$T_0+58\text{s}$	火箭达到最大动压

续表

时间	事件	时间	事件
$T_0-37min$	发射逃逸系统激活	$T_0+2min35s$	一级主发动机关机
$T_0-35min$	开始加注煤油，一级火箭开始加注液氧	$T_0+2min38s$	一二级分离
$T_0-16min$	二级火箭开始加注液氧	$T_0+2min42s$	二级发动机点火
T_0-7min	开始猎鹰9火箭发动机冷却	$T_0+7min48s$	一级火箭回收第一次点火（进入）
T_0-5min	载人龙飞船转内部电源供电	$T_0+8min59s$	二级火箭关机
T_0-1min	飞行计算机启动发射前最终检查，推进剂储罐开始加压	$T_0+9min24s$	一级火箭回收第二次点火（着陆）
T_0-45s	指挥员发出允许发射指令	$T_0+9min52s$	一级火箭海上回收
T_0-3s	发动机点火	$T_0+11min$	飞船入轨

发射任务采用了"加注后即发射"（load－and－go）模式，在发射前加注密度更大的超冷推进剂，通过装载更多推进剂提升火箭运载能力。对于未来的载人任务，航天员将在发射前约2h进入飞船，随后激活发射台逃逸系统以保证航天员安全，之后再进行推进剂加注。

猎鹰9运载火箭具备海上回收和陆上回收能力，载人龙飞船的发射采用海上回收火箭第一级的飞行方案。陆上回收相对海上回收需要消耗更多的推进剂，载人龙飞船是目前猎鹰9运载火箭发射的最大载荷，消耗推进剂更多，海上回收可保证更多裕量。同时，陆上回收方案为保证运载火箭返回着陆场，通常尽可能将载荷向更高的高度而非更远的方向发射，但是对于载人飞船，在出现紧急情况发射中止时，采用这种发射方式可能使航天员承受巨大的过载，对航天员安全造成威胁，因此采用海上回收方案。

（二）交会对接

载人龙飞船入轨后，通过一系列调相机动，经过约 1 天的飞行，与国际空间站交会，飞抵国际空间站 3km 内，进入视觉范围。在最后接近和对接阶段，为保证飞船和空间站安全，NASA 应俄方要求，更改了飞船自动交会对接飞行轨迹。载人龙飞船向"接近椭球"（Approach Ellipsoid）飞行（路径点 0）。获得许可后，进入国际空间站阻进区域（KOS），在距对接口 150m 的位置停泊（路径点 1）。空间站上航天员发出撤退指令，测试飞船在出现问题时能够接收命令停止靠近，飞船接收指令后退至 180m 的位置，保持约 10min。随后飞船获得许可飞至 20m 位置（路径点 2），并保持。最终，美国东部时间 3 月 3 日 5:51（北京时间 18:51），载人龙飞船成功被国际空间站和谐号节点舱前端的"国际对接适配器"（IDA）"软捕获"（soft capture）；6:02，完成对接机构锁定；8:07，飞船与空间站之间的舱门打开，站上航天员对飞船进行检测。

图 3　载人龙飞船与国际空间站交会对接示意图

表4 载人龙飞船交会对接重要节点

时间	事件
$T_D - 3h$	飞船与国际空间站交会，进入3km范围
	飞船向"进近椭球"飞行(路径点0)
	飞船进入阻进区域，到达150m停泊点(路径点1)
	发送撤退指令，飞船退至180m，保持约10min
	飞船飞至20m停泊点(路径点2)
T_D	飞船被国际空间站软捕获
$T_D + 11min$	飞船与国际空间站对接锁定
$T_D + 2h16min$	飞船与空间站之间的舱门打开

载人龙飞船与货运龙飞船的接近轨迹不同。货运龙飞船从径向(R-bar，即天底方向)接近国际空间站，在加拿大臂-2(Canadarm-2)工作范围内停止，由机械臂抓捕后与对接口对接。载人龙飞船从径向接近空间站，随后转移至速度方向(V-bar，即前方)。在此次任务中，美、俄密切监控飞船的接近和对接情况，如果发生异常，飞船将停止接近和对接尝试，缓慢飞离国际空间站。同时，国际空间站对接口附近的多个舱门关闭，确保发生意外时站内航天员的安全。

载人龙飞船座椅上安装了穿着 SpaceX 航天服的测试假人(ATD)，收集任务全过程的模拟人体参数。此外，NASA 充分利用载人龙飞船的运输能力，为国际空间站第58长期考察团运送180kg货物，包括辐射测量仪、样本返回袋、乘员补给等。

(三)离轨返回

国际空间站第58长期考察团向飞船装载需要带回的实验样本、损坏的航天服部件等物品，并将飞船与空间站之间的舱门关闭；随后，载人龙飞船与国际空间站分离。

此前，SpaceX 公司称再入是整个飞行过程中最危险的阶段，载人龙飞船采用非对称外形，尽管仿真结果显示再入过程中发生旋转的概率极小，但仍需要实际飞行检验。美国东部时间 3 月 8 日 8:45（北京时间 3 月 8 日 21:45），载人龙飞船顺利再入大气层，打开减速伞，溅落在佛罗里达州以东的大西洋上。

表5　载人龙飞船离轨返回重要节点

时间	事件
T_L-10h	国际空间站太阳帆板旋转关节暂停
$T_L-6h38min$	"准备分离"状态确认
$T_L-6h18min$	分离窗口打开 发送分离指令 第一组锁定机构解锁
$T_L-6h16min$	第二组锁定机构解锁
$T_L-6h14min$	飞船与国际空间站分离 分离点火-1，$\Delta V=0.15m/s$ 分离点火-2，$\Delta V=0.15m/s$，$V=0.3m/s$
$T_L-6h13min$	离站点火-0，$\Delta V=0.35m/s$，$V=0.65m/s$
$T_L-6h10min$	飞船飞至 150m 外 离站点火-1，$\Delta V=0.6m/s$，$V=1.25m/s$
$T_L-6h7min$	飞船飞离阻进区域
$T_L-5h28min$	飞船调整姿态，准备再次点火
$T_L-5h21min$	离站点火-2
$T_L-57min$	飞船与非密封舱分离，并调整姿态
$T_L-52min$	飞船开始 15min20s 的离轨点火
$T_L-12min$	飞船高度降至 121km，再入大气层

续表

时间	事件
T_L-5min	飞船完成再入
T_L-4min	飞船引导伞打开
T_L-3min	飞船主伞打开
T_L	飞船溅落在佛罗里达州以东的大西洋
$T_L+(<2h)$	打捞船打捞飞船

五、载人龙飞船技术特点

(一)载人龙飞船任务通过重复使用技术降低任务成本

载人龙飞船整个大系统具备可重复使用能力,猎鹰9运载火箭第一级、载人龙飞船乘员舱均可回收,仅猎鹰9火箭第二级和飞船非密封舱无法回收,通过重复使用开展多次任务有望大幅降低成本。此外,载人龙飞船设计了集成式发射逃逸系统,发射时飞船直接安装在运载火箭上,不需要使用逃逸塔和整流罩,可节约大量成本(据 SpaceX 估算,猎鹰9火箭的两片整流罩需要约600万美元)。目前,SpaceX 公司对载人龙飞船单次任务报价约1.5亿美元,平均每座不到2200万美元,远低于俄罗斯联盟飞船每座8000万美元的报价。

(二)新一代飞船采用了创新设计思路

纵观国际,载人飞船系统经过近六十年发展,设计思路几经变革,针对新的任务场景,世界各国新一代载人飞船明确往返运输功能定位,在继承原有技术的基础上,创新设计思路。以SpaceX 公司的载人龙飞船为例,飞船采用两舱段设计,内部加压空间集中在一个舱段内,而非分为轨道舱和返回舱,航天员舒适度大幅增加；设计最多能搭乘 7 名航天员，达到航天飞机同等水平，具备强大的乘员运输能力；飞船采用集成式发射逃逸系统，可在发射全过程提供乘员逃逸能力，提高系统安全性；信息化水平大幅提高，高度电子集成和平板显示降低了飞船操作难度，对航天员十分友好。

（三）载人龙飞船利用新材料、新制造技术提质增效

载人龙飞船的制造使用了一系列新技术。超级天龙座发动机燃烧室采用 3D 打印技术制造，由高性能镍铬基高温合金金属粉末激光直接烧结工艺制成，这种材料具有高强度，可提高发动机可靠性。凭借 3D 打印技术，仅用传统制造方法的一小部分成本和时间就可制造出高性能的发动机零件。热防护系统使用的新型 PICA－X 隔热罩能够承受多次高温烧蚀而不呈现严重退化，针对月球或火星飞行任务也无需任何改动，提升了载人龙飞船热防护能力，简化了重复使用所需的维护操作。

（北京空间科技信息研究所）

NASA 一年期航天飞行双胞胎对照研究分析

摘要： 为了解长期航天飞行对健康的影响，NASA 对一名在国际空间站执行 1 年期任务的航天员进行了飞行前、中、后监测，并以他的同卵双生兄弟作为遗传匹配的地面对照，这是载人航天史上第一次开展的代表当代先进技术发展水平的多学科综合研究。本文重点介绍了飞行受试者的变化以及对这些变化的多学科综合分析，旨在对我国未来空间站运营提供重要的借鉴和启迪。

自 1961 年以来，已有 560 余人进行了短期(小于 1 个月)或较长期(4~6 个月)航天飞行，人体的生理适应主要表现在心血管、肌肉骨骼和感觉运动系统。由于载人登陆火星等未来探索任务时间可能是 3 年之久，而 NASA 几乎没有 6 个月以上的航天飞行经验，为此，NASA 实施了这次 1 年期航天飞行任务，美国 12 所大学的 84 位科学家参与了研究。

一、研究特点

除了飞行时间长达近 1 年外，本研究还有以下主要特点：

以 NASA 的一对男性同卵双胞胎航天员作为对照研究对象。从遗传学的角度看，他们的基因相似性可以最大程度地减少因个体差异对测量指标所造成的干扰，是理想的对照组。其中，飞行受试者斯科特·凯利在空间站上驻留 340 天，地面受试者马克·

凯利则留在地球上，研究开始时他们的年龄是 50 岁，以前都有航天飞行空间辐射暴露经历(见表 1)。

表 1 受试者航天飞行经历

受试者	航天器	任务	发射日期	着陆日期	驻留时间/天
飞行受试者	航天飞机	STS-103	1999 - 12 - 19	1999 - 12 - 27	8
	航天飞机	STS-118	2007 - 08 - 08	2007 - 08 - 21	12.7
	国际空间站	第 25/26 长期考察团	2010 - 10 - 07	2011 - 03 - 16	159
	国际空间站	第 43/44/45/46 长期考察团	2015 - 03 - 27	2016 - 03 - 01	340
地面受试者	航天飞机	STS-108	2001 - 12 - 05	2001 - 12 - 17	11.8
	航天飞机	STS-121	2006 - 07 - 04	2006 - 07 - 17	12.8
	航天飞机	STS-124	2008 - 05 - 31	2008 - 06 - 14	13.8
	航天飞机	STS-134	2011 - 05 - 16	2011 - 06 - 01	15.7

首次综合、跨学科的研究设计以及利用多组学方法对生物样本进行分析，从生物化学、基因表达、蛋白质组学、免疫组、染色体端粒、代谢组学、微生物组学、认知学、表观遗传学、多层组学整合分析等 10 个学科视角开展研究，以了解航天飞行中发生的分子、生理和认知动力学的相互作用。

对 2 名受试者进行了 27 个月(飞行前、中、后)的样本收集($n=317$)，包括粪便、尿液和全血，全血还被分离为外周血单核细胞、各类免疫细胞和血浆，受试者还接受了生理和认知实验室测试。通过对生物标记物的纵向测量和评估来识别与航天员健康相关的关键指标，不仅有助于评估增加的风险，而且对实施可能的个性化干预具有指导意义。

基于航天员要经历空间辐射暴露、饮食限制、体力劳动需求减少、昼夜节律紊乱以及失重等长期航天飞行考验，研究重点关注了人体的基因、免疫系统和代谢功能。

二、受试者的主要变化及分析

对研究结果的综合分析表明，至少有 10 个关键生理过程受到长期航天飞行的影响，可以作为未来制定载人探索任务飞行中对抗措施的关注点，包括体重与营养、染色体端粒长度调节、基因组稳定性维持、血管健康、眼部结构适应、转录和代谢变化、表观遗传变化、脂质水平变化、肠道菌群变化、认知功能。根据这些变化过程对航天飞行中机体功能的重要性以及返回地球后至少6 个月的持续性，将其风险程度划分为低风险、中等风险或未知风险，以及高风险。

(一) 与潜在低风险高度相关的动态变化

研究结果显示，许多与航天飞行相关的生理和分子变化快速恢复并接近飞行前水平，包括染色体端粒平均长度、体重、肠道菌群构成、T 细胞功能以及大多数细胞和组织的调节 (转录和代谢的调节)。由于它们在航天飞行中反应明显，因此可以作为人体航天适应性的潜在的重要生物标志物，但在长期飞行任务中，它们所代表的风险很可能极低。

1. 基因功能测量数据的变化

航天飞行期间，飞行受试者的 CD4、CD8 和 LD 细胞中发生差异表达的大多数基因 (91.3%) 在飞行后 6 个月内恢复到了正常范围。尽管飞行受试者的一些表观遗传基因组发生了改变，但在27 个月的研究期内，地面受试者的全基因组表观遗传变异更高。从其他结果看，飞行受试者的血浆代谢水平变化在飞行后恢复到了基线；转录和蛋白质组学数据显示免疫应激似乎不影响流感特异性 T 细胞的募集；对飞行中期疫苗接种反应的评估提示主要免疫功能得到了维持，包括趋化性、抗原的分布和迁移，以及通过淋巴系统的递呈。总的来说，这些数据显示，从遗传学、表观遗传学、转录学、细胞学和生物学方面看，基因的许多核心功能具有可塑性和弹性。

2. 染色体端粒延长

飞行受试者飞行期间，染色体端粒长度显著增加（约14.5%），返回地球后约48小时内迅速缩短，并在数月内稳定到接近飞行前数月的平均值。该结果与对在国际空间站驻留较短时间(6个月内)的其他航天员的类似研究结果一致，也与对在空间站飞行11天的秀丽隐杆线虫的研究结果一致。尽管目前对端粒短暂伸长的潜在机制和后果尚不清楚，但诸多研究已证实，染色体端粒较长与健康生活方式因素如代谢、营养状况、体力活动、体重减轻等相关。本研究中，飞行受试者体重减轻、血清叶酸水平增加与端粒延长的相关性也证明了这一点。

3. 肠道菌群的变化

两位受试者粪便菌群以厚壁菌属和类杆菌属细菌为主，尽管每位受试者都保持了各自的肠道菌群特征，但飞行受试者飞行期间在肠道菌群组成和功能方面的变化比地面受试者同一时期更大。鉴于飞行中菌群特征发生显著变化的菌群数量，推测一些菌群的变化很可能与航天飞行有关。源于肠道菌群的小分子代谢物在飞行中的变化也表明，肠道菌群在航天飞行中经历了功能变化。与个体差异相比，飞行期间，飞行受试者菌群在多样性上的变化程度相对较小，可能反映了隔离和饮食的变化，这与地基研究中对隔离期延长的志愿者的研究结果一致。厚壁菌和类杆菌的序列比显示了明显的航天飞行特异性增加，然而，这一比例在着陆后几周内又回到了飞行前水平，表明胃肠道的微生态系统已开始恢复。此外，肠道菌群多样性——通常被认为是菌群健康的象征，并没有在飞行中降低。这些飞行中的变化与健康风险的相关性尚不清楚，但可能是最小的。

（二）与潜在中等或未知风险相关的变化

主要包括胶原蛋白调节、血管内液管理和染色体端粒持续丢失和/或临界性缩短。

1. 胶原蛋白调节

本研究首次观察发现，航天员尿液中排泄胶原蛋白 $\alpha-1$（Ⅰ）链（COL1A1）和胶原蛋白 $\alpha-1$（Ⅲ）链（COL3A1）的变化与航天飞行相关。这两个链的分子量都是白蛋白的 2 倍多，所以整个胶原蛋白分子很难由血液过滤到尿液中，在肾脏中的含量相对较低。失重会改变软骨、骨骼、肌腱、皮肤、血管系统和巩膜的流体静力学负荷，从而使这些部位有可能发生重塑，成为尿中 COL1A1 和 COL3A1 增加的其他潜在来源。飞行中，飞行受试者颈内静脉直径增加，颈动脉血管重构表现为内膜中层厚度增加。COL3A1 是血管系统重要的功能组成部分，COL3A1 基因缺陷会导致腿部血液聚集，并损害站立时的血压反应。

2. 血管内液管理

本研究提供的证据表明，尿中水通道蛋白-2（AQP2）增加是在航天飞行中表现出来的，也与血清钠水平相关，而与再适应地球环境无关。尿中 AQP2 升高很可能是由于血清钠水平高刺激了血管加压素的释放。AQP2 受血管加压素调节，当血管加压素被激活后，会引起尿液重新吸收，这种肾水重吸收蛋白不能完全补偿水摄入量的减少，导致飞行期间血浆钠浓度和胶体渗透压的增加。飞行受试者尿中 AQP2 增加，可能是飞行中脱水或高钠血症的结果。在未来的任务中，应监测航天员尿液中的 AQP2 水平，以确定哪些人有可能要给予治疗干预，以改善脱水的副作用和生理并发症。

航天飞行中，由于水的摄入量减少且空间站上相对湿度都比较低，24 小时尿量通常会减少。本研究发现的染色体端粒延长、血管紧张素原减少和线粒体呼吸减少，可能与受试者飞行中能量摄入减少和体重减轻有关。此外，在生长激素抑制素通路富集的基因中，DNA甲基化发生了改变，禁食会使生长激素抑制素的转录增加。热量摄入减少会使许多与血压控制和代谢有关的激素降低，通常会降低血压，降低代谢率和肌肉生长。飞行中，飞行受试者尿和血浆中乳酸水平增加，三羧酸循环的中间产物（苹果酸和柠檬酸）有增加的趋势，可能是由于强化运动方案所致。

研究还观察了尿中肾素-血管紧张素通路蛋白的排泄变化。对人类而言，肾素和血管紧张素Ⅱ水平随着直立姿势的增加而增加，高血压与尿血管紧张素原较高有关。血管紧张素Ⅱ使尿中血管紧张素原增加，可能是因为它刺激了肾小管中血管紧张素原的产生。航天员在航天飞行中不是"直立"的，血压也较低，本研究确实观察到了飞行受试者飞行中血管紧张素原降低、血压降低，以及尿中肾素受体蛋白减少。

3. 染色体端粒持续丢失和/或临界性缩短

飞行受试者返回地球后48小时内，染色体端粒迅速缩短，这与着陆时的极端应激和炎症反应增强相一致，而炎症反应是公认的促进端粒变短的因素。航天飞行引起的端粒延长的瞬态性也很明显，因为飞行受试者返回地球后，端粒长度迅速回到了基线水平，而且检测到的端粒数量显著减少，提示发生了染色体端粒持续丢失和/或临界性短端粒数量增加。

以往的研究显示，空间站上航天员飞行后的端粒通常倾向于比以前明显变短，本研究也有类似的发现。端粒长度变化（伸长和加速缩短或丢失）的潜在重要性正被越来越多的证据所强调，端粒长度不仅是可靠的衰老生物标志物，而且是年龄相关疾病（如心血管疾病和癌症）的决定因素。由于这些指标可以反映整个机体的健康状况，因此监测端粒长度动态是评估未来航天员健康状况和潜在长期风险的重要依据。

（三）与潜在高风险相关的变化

返回地球是一个特别应激的事件，是航天飞行的重大生理挑战之一。着陆后立即出现的症状包括心血管、肌肉骨骼过度使用或受损，以及应激和炎症反应。因此当评估心血管、眼睛和认知系统，包括航天员的细胞分子特征的变化时，既要考虑恢复期，还要考虑航天飞行的长期后果。

1. 航天飞行相关神经–眼综合征(SANS)

截至 2017 年 5 月，约 40% 的航天员经历了以下 1 个或多个眼部问题：视盘水肿、远视移位、眼球扁平、视网膜棉絮状斑点或脉络膜褶皱。关于 SANS 的形成，人们提出了多种假设，包括航天飞行引起的体液头向转移和相关适应。

在飞行受试者飞行中观察到的颈内静脉扩张和压力增加，与人在地面时平躺的情况相似。血管充盈的结果可能会导致供应视网膜的血管系统充血，正如凹下脉络膜增厚所提示的那样，重要的是，鉴于空间站上不存在正常的重力和流体静力学压力梯度，在姿势正常变化过程中，就无法像地球上那样缓解体液头向转移。事实上，本研究中的光学相干断层扫描测量结果证实了眼底镜检查的视盘水肿临床报告，即毛细血管周围视网膜厚度整体增加，结合脉络膜从飞行前到飞行中的恶化情况，飞行受试者表现出的症状与 SANS 一致。虽然一些眼部变化在飞行后得以恢复，如脉络膜充血和视网膜神经纤维层增厚等变化，但有些变化包括脉络膜皱褶，可能会从以前的长期飞行任务一直持续，并在随后的任务中恶化，正如在飞行受试者中所观察到的那样。相比之下，尽管地面受试者之前曾参与过 4 次短期航天飞机任务，但在本研究中并没有发现类似情况，因此推测，他以前可能经历的变化或者是没有表现出来(尽管与他孪生兄弟相同的风险等位基因得到了表达)，或者是自上次任务以来已经得到了恢复。这些观察支持了"多重命中"假说，即遗传学呈现的是一种易感因素，只有在 1

个或多个其他生理、生化和/或环境因素(包括持续暴露时间,例如超过 2 周的航天飞机飞行)结合时才表现出病理学特征。

2. 血管生理

航天员进入失重环境时发生的体液头向转移被假设为与心血管适应航天飞行相关的初始事件。继流体静力学梯度因失重而丧失后,约 2L 液体从下半身转移到上半身。尽管存在乘员间的个体差异,但这种体液头向转移被描述为许多乘员出现了"脸部肿胀"和"鸟腿"(很细的腿)。尽管血浆和血容量相对减少,血压降低,但每搏量和心输出量增加,上体动脉和静脉扩张。对参与 4~6 个月任务的航天员进行研究结果显示,颈动脉内膜中层厚度和血管硬度增加,这可能与氧化应激、炎症和胰岛素抵抗增加有关。

飞行受试者也出现了类似的适应性,因为在发射后,他的颈动脉内膜中层厚度迅速增加,不过在飞行后期(飞行第 6~12 月)并没有继续增加。尚不清楚内膜中层增厚是否不可逆转,是否代表航天员今后心血管和脑血管疾病风险的增加,因为很难利用健康个体来预测临床事件。类似地,本研究观察到载脂蛋白 B 与载脂蛋白 A1 比率从飞行前到飞行中有所增加,尤其是在任务的后半阶段,这可能提示飞行受试者罹患心血管疾病的风险增加,但对长期健康的影响迄今尚不清楚。本研究所获得的航天飞行恢复过程中的测定值,连同一项同类研究从其他航天员身上获得的测量数据,将提供有关心血管疾病过程危险因素的重要信息。最近的流行病学研究提示,航天员心血管发病率或死亡率的风险没有增加,但也没有足够的数据对参加长期任务的航天员得出结论,因为这项调查中的绝大多数受试者参与的是短期任务。

3. 飞行后应激和炎症反应

对飞行受试者分子特征的评估结果与着陆后几天的应激和炎症反应一致,特别是 C 反应蛋白从 1mg/dL 增加到 19mg/dL,白细胞介素 1 受体水平也增加了。飞行受试者的细胞因子特征也与返回地球时的炎症反应一致。应激和炎症反应可能发生在返回阶段之前，含有促炎性脂肪酸的溶血磷脂的增加也提示了飞行期间炎症状态的加剧。此外，飞行受试者飞行第 300~334 天的平均尿钠排泄量为 147mmol/d，而在返回当日，尽管静脉注射了生理盐水，尿钠排泄量还是下降到 47mmol/d。静脉注射生理盐水是着陆时的常规方案，并且可以获得足够的液体摄入，从而将尿量从 1313mL 增加到了 2999mL。在返回第 12 天之前，飞行受试者没有测量血容量，但根据以往长期航天飞行乘员的数据，推测他在返回当日的血容量可能很低。返回当日，飞行受试者的血浆钠浓度从 146mmol/L 降至 138mmol/L，与尿钠输出下降是一致的，可能是由于血浆钠含量低的缘故。观察到着陆时尿钠排泄量降低了 2/3，尽管静脉注射了生理盐水，但这是对尿容量减少的常见反应。

4. 基因组不稳定性

多项证据表明，基因组的不稳定性和重排可能预示着长期航天飞行的长期分子影响和/或不良健康影响。值得注意的是，与报告的太空辐射暴露和飞行中 DNA 损伤反应一致，飞行受试者飞行中发生的染色体易位和倒位频率增加，飞行后仍然增加。这些发现与关于航天员个体染色体易位的报告一致，也与倒位及其相互对应的小间隙缺失代表辐射暴露突变特征的建议一致。此外，体外实验已经证明，暴露于高传能线性密度（LET）质子辐射中可引起端粒延长，低 LET 的 γ 射线照射可诱导依赖端粒酶的假定干细胞和祖细胞群的富集，以及低剂量照射的外周血单核细胞端粒长度分布向着端粒较长的细胞群变化。因此，飞行中端粒延长的观察结果，可能至少部分是由辐射和 DNA 损伤反应诱导的细胞群动态变化所促成，而不是端粒本身的延长。

5. 基因表达失调

有趣的是，在飞行受试者未分类的外周血单核细胞中，飞行第 6~12 月间差异表达的基因数量几乎是飞行第 0~6 月间的 6 倍，这表明 1 年期任务的后一阶段飞行诱导了更多数量的转录变化。此外，在返回地球的 6 个月内，呈现出了一个独特的基因子集(不同细胞类型的 811 个基因)，包括与免疫功能和 DNA 修复相关的基因，其表达并没有恢复到飞行前水平，这代表了一些候选基因，由于长期航天飞行，这些基因的表达改变可能会持续很长一段时间。

6. 认知能力下降

本研究显示，任务持续时间从 6 个月延长到 12 个月，对认知能力的影响可能仅限于几个领域，任务持续时间延长可能会对飞行后认知能力产生负面影响，可能会影响任务操作的安全性(如在火星着陆后)，飞行后操作程序的自动化可能有助于减轻此类风险。除了重新暴露于地球重力的影响外，航天员飞行后还需要参与研究性调查和媒体活动，目前尚不清楚上述每个因素对飞行后认知能力下降的影响有多大。

三、结论和今后的任务

鉴于本研究结果，预计执行探索类任务的航天员可能会面临线粒体功能障碍、免疫应激、血管变化和体液转移、认知能力下降，以及在端粒长度、基因调节和基因组结构稳定性等方面发生改变的风险。

本研究形成了一套独特、多样的生物医学数据集，综合描述了航天飞行延长期间机体在分子、生理和行为方面的适应性以及人体所面临的挑战，为飞行中如何采集数据和样本，用于生成一个关于分子、生理和认知的综合、纵向特征提供了范例，也为未来研究提供了一个科学框架和基线数据。

不过，本次研究仅对一名受试者进行航天环境长期飞行研究，从生物统计学的角度，是有一定局限性的，所获得的数据和发现应该被看作是生成假设和定义框架，尚需要对更多的航天员进行长期飞行(不少于 12 个月)研究，以确认这些发现并解决悬而未决的问题。如果这些发现得到证实，就应该考虑开发和实施降低这些风险的生物学、生物物理学或药理学对策。

在探索任务中，由于超出了地磁场的保护范围，航天员因空间辐射暴露可能会面临更多的风险，但这方面的数据很少，甚至没有，包括近地轨道 1 年和火星任务 3 年航天飞行之间的差异。因此，需要在将来进行不同驻留时间和较长期暴露(大于 1 年)时间的研究，以确定风险变化方式(如线性或指数)，并建立适宜的安全阈值。

（中国航天员科研训练中心）

国际空间站技术开发与验证研究前沿分析

摘要：本文通过统计分析国际空间站自2000年9月迄今开展的技术开发与验证领域实验项目的研究方向布局及其时序变化、各国航天局的研发重点方向，概述技术开发与验证实验的空间与地面应用前景，并甄选部分亮点技术研究及成果案例重点解析，从而全面展现国际空间站技术开发与验证研究的发展现状及其前景。

国际空间站为科学家和工程师提供了一个可以对支撑未来的空间探索以及地球应用的新技术进行测试的独特机会。技术开发与验证作为国际空间站6大科研领域之一，在实验项目数量上仅次于生物学与生物技术领域，占国际空间站实验项目总数的22%。经过近20年的发展，国际空间站技术开发与验证实验已经产生许多亮眼成果，不仅有力支持了载人空间探索活动所需的各种技术、系统和材料测试等，还为地面人民生活带来了净水技术、先进材料、机器人、成像技术、计算技术等诸多应用效益。

一、实验项目统计分析情况

技术开发与验证是国际空间站科研实验项目的6大领域之一，具体包括以下研究方向：空气、水和表面监测，航电设备和软件，表征实验硬件，商业验证，通信与导航，舱外活动系统，灭火和探测技术，食品及服装系统，成像技术，生保系统和居住，航天器内微生物群落，微重力环境测量，电力产生及分配系统，辐射测量和防护，维修及加工技术，机器人技术，小卫星及控制技术，空间结构，航天器材料，航天器及轨道环境，热管理系统。

截至 2018 年 11 月，根据 NASA 和俄罗斯能源火箭航天集团公司公布的数据，国际空间站第 0 长期考察团(2000 年 9 月—11 月)至第 55/56 长期考察团(2018 年 3 月—10 月)共开展 1411 项实验，其中技术开发与验证实验共计 317 项，占 22%，实验项数仅次于生物学与生物技术实验。317 项技术开发与验证实验的具体研究方向分布如图 1 所示。在各研究方向中，小卫星及控制技术实验以 51 项稳居第一，其次为航天器及轨道环境(36 项)、表征实验硬件(31 项)、通信与导航(27 项)实验。

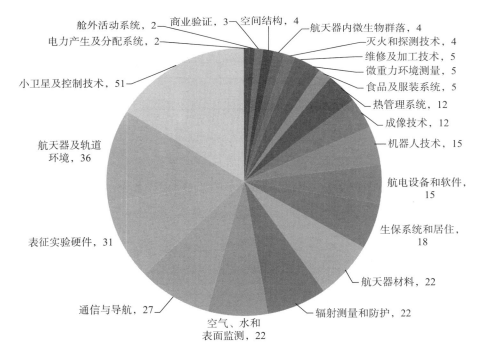

图 1　技术开发与验证实验的研究方向分布

从时序角度来看，自国际空间站第 0 长期考察团至第 55/56 长期考察团，在技术开发与验证领域各研究方向上开展的实验情况如图 2 所示。总体来看，在第 17 长期考察团之前，每次长期考察团所开展的技术开发与验证实验项目数量不超过 20 项，自第 18 长期考察团以后，实验项目数量呈快速上升态势，近两年已经上升至 80 项左右。航天器及轨道环境，表征实验硬件，通信与导航，空气、水和表面监测，航天器材料，微重力环境测量等都是长期持续布局开展的研究方向；食品及服装系统、维修及加工技术、灭火和探测技术、商业验证、舱外活动系统、电力产生及分配系统则是近几年兴起的研究方向。近年来实验项目数量相对较多的研究方向包括：航天器及轨道环境、小卫星及控制技术、通信与导航、辐射测量和防护等。

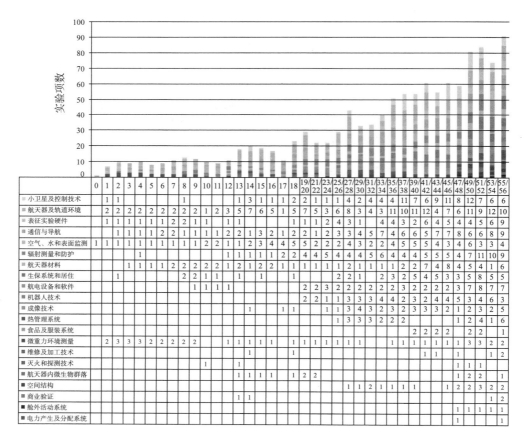

研究方向	0	1	2	3	4	5	6	7	8	9	10	11	12	13	14	15	16	17	18	19/20	21/22	23/24	25/26	27/28	29/30	31/32	33/34	35/36	37/38	39/40	41/42	43/44	45/46	47/48	49/50	51/52	53/54	55/56
小卫星及控制技术		1	1						1					1	3	1	1	1	2	2	1	1	1	4	2	4	4	11	7	6	9	11	8	12	7	6	6	
航天器及轨道环境		2	2		2	2		2	2	2	2	1	2	3	5	7	6	5	1	5	7	5	3	6	8	3	4	3	11	10	11	12	4	7	6	11	9	12	10
表征实验硬件		1	1	1	1	1		2	1	1		1	1		1			1	1	1	1	2	4	3	1	4	3	1	4	4	3	2	6	4	5	4	5	6	9
通信与导航			1	1	1	1	2	2	1	1		1	2	1	2	3	2		2	2	1	2	3	4	5	7	4	7	6	6	5	7	7	8	6	6	8	9
空气、水和表面监测	1	1	1	1	1	1	1	1	1	1	1	1	2	2	1	2	3	4	4	5	5	2	2	2	4	3	2	4	5	5	4	3	4	6	6	3	3	4
辐射测量和防护							1							1	1	1	1	1	2	2	4	4	5	4	4	4	6	4	4	4	5	5	5	4	7	11	10	9
航天器材料					1	1	1	1	1	1				1	1	1	1	1	1	1	1	1	1	1	7	4	8	4	5	4	5		5	5			5	6
生保系统和居住				1						2	2	1	1							2	1		2	3	2	2	2	7	4	3	5				5	5		5
航电设备和软件								1	1	1	1									2	2	3	2	2	2	2	2	3	2	2	2	3	7	8	7			7
机器人技术																				2	2	1	1	3	3	3	4	4	2	3	4	4	5	3	4	6		3
成像技术																1	1								1	1		2	2	3	2	1	2	3	2		2	5
热管理系统																									2	2	3	2	2	2					1	2	4	6
食品及服装系统																															2	2	2	2		2	2	1
微重力环境测量		2	3	3	3	2	2	2	2	2				1	1		1		1	1	1	1	1			1	1	1	1	1	1			3	3	2	2	
维修及加工技术																																1	1				1	2
灭火和探测技术																		1																1	1		1	1
航天器内微生物群落																									1	1	1	1		1	2	2						
空间结构																												1	1	2	1	1	1		1	2	2	
商业验证														1																							1	2
舱外活动系统																																			1	1	1	1
电力产生及分配系统																																			1			1

图 2　国际空间站第 0-55/56 长期考察团在各研究方向开展实验情况

NASA、俄罗斯国家航天集团公司（Roscosmos）、欧洲航天局（ESA）、日本宇宙航空研究开发机构（JAXA）和加拿大航天局（CSA）在技术开发与验证领域支持开展的实验项目数如图3所示。

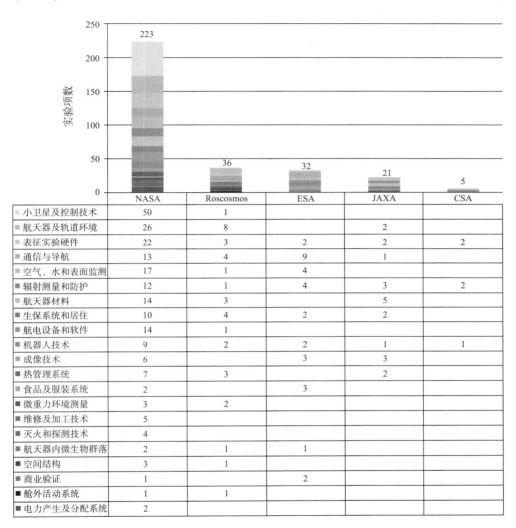

	NASA	Roscosmos	ESA	JAXA	CSA
小卫星及控制技术	50	1			
航天器及轨道环境	26	8		2	
表征实验硬件	22	3	2	2	2
通信与导航	13	4	9	1	
空气、水和表面监测	17	1	4		
辐射测量和防护	12	1	4	3	2
航天器材料	14	3		5	
生保系统和居住	10	4	2	2	
航电设备和软件	14	1			
机器人技术	9	2	2	1	1
成像技术	6		3	3	
热管理系统	7	3		2	
食品及服装系统	2		3		
微重力环境测量	3	2			
维修及加工技术	5				
灭火和探测技术	4				
航天器内微生物群落	2	1	1		
空间结构	3	1			
商业验证	1		2		
舱外活动系统	1	1			
电力产生及分配系统	2				

图3　各航天机构在各研究方向的实验项数

在全部 317 项技术开发与验证实验中，NASA 支持开展的实验有 223 项，占 70%，在除食品及服装系统、商业验证、舱外活动系统 3 个研究方向外的其他所有研究方向上都处于绝对领先或领先位置。Roscosmos 共开展了 36 项技术开发与验证实验，涉及研究方向较为宽泛，在航天器及轨道环境方向的实验最多(8 项)。ESA 开展了 32 项技术开发与验证实验，在通信与导航方向的实验最多(9 项)。JAXA 开展了 21 项技术开发与验证实验，在航天器材料方向的实验最多(5 项)。CSA 开展了 5 项技术开发与验证实验，分布在表征实验硬件、辐射测量和防护、机器人技术 3 个方向上。

二、空间与地面应用前景

国际空间站为科学家和工程师提供了一个可以对支撑未来的空间探索以及地球应用的新技术进行测试的独特机会。

在空间应用方面，国际空间站是验证未来用于空间的创新技术的绝佳平台，可提供长期微重力环境、与各种航天器系统互相作用以及航天员参与等各种有利条件。国际空间站开展的技术开发与验证实验项目涵盖了未来长期探索任务所需的各种技术、系统和材料测试等，涉及小卫星及控制技术、航天器及轨道环境、表征实验硬件、通信与导航等 20 余个研究方向。

与此同时，很多技术研究成果也能造福地面。2019 年 4 月，NASA 发布《国际空间站造福人类(第三版)》报告，将开发创新技术列为国际空间站科研活动服务国计民生的 5 类效益之一。国际空间站研究活动产生的新技术、新材料为经济发展和提高人民生

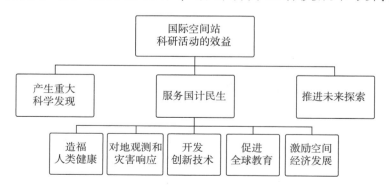

图 4　国际空间站科研活动的效益

活质量带来诸多效益，报告在开发创新技术效益方面具体列举了流体研究和净水技术、材料、输送技术、机器人、成像技术、计算技术等方面的案例。

三、近年亮点技术研究及成果

1. 国际空间站研究和发展年度大会获奖技术研究工作

自 2012 年起，美国宇航学会、NASA 和空间科学促进中心每年联合举办国际空间站研究和发展大会，并发布国际空间站年度亮点研究成果。以下列举了 2012 — 2019 年获奖的技术开发与验证研究及工作。

2012 年获奖的技术开发与验证研究及工作包括：NASA 戈达德航天飞行中心的"机器人加注任务"实验，为未来空间机器人加注维修铺平道路；NASA 艾姆斯研究中心的"同步位置保持、轨道预定、再定向实验卫星"设施，用于在国际空间站上测试多种先进技术；NASA 喷气推进实验室的"激光通信科学的光学有效载荷"，利用商业现成产品和技术验证激光通信；NASA 兰利研究中心利用增材制造技术，开展天基按需制造金属部件研究；NASA 约翰逊航天中心制定深空探索环境控制和生保系统能力开发路线图；美国国防部空间测试计划充分利用航天飞机和国际空间站平台实施空间测试计划。

2013 年获奖的技术开发与验证研究及工作包括：卡尔加里大学从国际空间站机械臂技术衍生出用于神经外科手术的机器人技术；NASA 总部开发用于未来深空探索的环境控制和生保系统，并造福地面；NASA 格林研究中心的"国际空间站空间通信与导航实验台"开发未来深空探索所需的通信技术；NASA 戈达德航天飞行中心的"机器人加注任务"实验为未来空间机器人加注维修铺平道路；NanoRacks 公司开发出基于模块化概念的微型实验硬件，极大降低了微重力研究的开发成本。

2014 年获奖的技术开发与验证研究及工作包括：佛罗里达理工学院的微重力长期飞行中容器内部流体流动特性研究，项目获得首批长期微重力下流体晃动的数据；俄罗斯联邦航天局开展的为期 2 年的天地激光通信研究，未来可应用于低地球轨道航天器与地面以及多个航天器之间的激光通信；NASA 约翰逊空间中心验证利用胺基化合物的二氧化碳和水汽滤除技术；NASA 格伦研究中心研究长期暴露于空间环境中对材料的影响，已开展 8 项系列实验，研究成果已对空间站运行耐久性、对地观测卫星和其他航天器产生影响。

2015 年获奖的技术开发与验证研究及工作包括：加拿大外科发明与创新中心利用影像引导自动机器人（IGAR）诊断和治疗乳腺癌，IGAR 是基于航天飞机和国际空间站加拿大机械臂的计算机化的起重和维护技术建造的；空间制造公司"零重力下的 3D 打印技术验证"实验，利用微重力 3D 打印机在 2014 年 11 月制造出首个空间 3D 打印物品，验证了空间制造的潜力。

2016 年获奖的技术开发与验证研究及工作是：Space Tango 公司设计开发国际空间站微重力研究平台 Tangolab－1。该平台可最多容纳 21 个独立实验自动运行，并可通过互联网近实时地将数据传输给用户，从而减少对航天员操作实验的需求。

2017 年获奖的技术开发与验证研究及工作包括：NASA 喷气推进实验室利用自适应光学系统"激光通信科学光学有效载荷"，解决了大气湍流影响激光传输的问题；NASA 约翰逊空间中心"生物测序仪"实验，测试利用微型测序仪在空间中开展传染病诊断、识别微生物并更好了解航天员发生的遗传变化；NanoRacks 公司和 JAXA 利用"纳米机架立方体卫星部署器"和"日本实验舱小卫星轨道部署器"，已经从国际空间站释放部署多颗小卫星；Argotec 公司"被动热交换先进研究"实验，测试几种采用低毒性流体的新型热管设计，可降低散热系统的复杂性并提高其效率，同时无需泵或其他机械装置，无需电力和维修，可靠性高。

2018年获奖的技术开发与验证研究及工作包括：空间制造公司的"微重力下生产光纤"实验，验证了可在微重力下制造氟化物光纤，为大规模在轨制造高品质光纤奠定了基础，有望推动空间商业活动兴起；Leidos公司开发条件配载发射能力，为国际空间站提供具备成本效益的运输服务；惠普公司"国际空间站上的高性能商用现货计算机系统"实验，利用一年时间验证该系统可以通过降低功率和速度在高辐射事件期间运行，帮助确定利用软件，而非昂贵、耗时或笨重的防护屏障来保护航天器内的计算机的方法。

2019年获奖的技术开发与验证研究及工作是：凯斯西储大学为空间低温储罐设计开发出综合的微重力理论和实验基础。研究团队开展了一系列地面和空间飞行实验，研究储罐增压和挥发性液体的压力控制。"零汽化储罐"实验产出的实验和数值模型为开发未来长期空间飞行任务所需的低风险、低成本低温推进剂存储系统奠定了基础。

2. 近年部分亮点技术实验及其研究进展

(1) 美国成功测试可展开太空舱

美国毕格罗宇航公司开发的"毕格罗可扩展式活动模块"(BEAM) 于2016年4月16日完成与国际空间站的对接，成为国际空间站的首个充气式太空舱。BEAM在2016年5月底成功展开。NASA于2016年11月宣布，经过几个月的测试，BEAM性能表现良好，BEAM展开对国际空间站造成的负荷很小，BEAM迄今还没有遭遇大型碎片撞击，BEAM内部星系宇宙线的水平与国际空间站其他舱相当。

(2) 美俄突破空间3D打印技术

美国"零重力下的3D打印技术验证"实验在2014年11月制造出首个空间3D打印物品，吸引了整个航天界的眼球，验证了空间制造的潜力。该项实验旨在验证 3D 打印机是否可在空间中正常工作，在国际空间站上利用相对低温的塑料原料测试 3D 打印机是建立未来在空间按需开展机械制造的工厂的第一步，对支持深空载人任务和空间制造至关重要。

2018 年 12 月 12 日，Roscosmos、俄罗斯 Invitro 医疗公司和俄罗斯 3D 生物打印解决方案实验室联合宣布，成功完成国际空间站磁性 3D 生物打印空间实验的第一阶段，实现世界首次在空间环境打印人类软骨组织和啮齿类动物的甲状腺。与地面 3D 打印生物活体组织不同，微重力环境下打印的器官和组织成熟速度更快。研究团队希望未来能够打印类器官或微生物，帮助研究空间辐射对人体组织的影响，并将该技术用于长期空间飞行。

（3）美俄成功开展天–地激光通信

2014 年，NASA"激光通信科学光学有效载荷"将一段名为"你好，世界！"的视频从国际空间站传送至地球，该视频大小为 175MB，用时仅 3.5s，数据传输速率达到 6.25MB/s，实验利用商业现成产品和技术验证了天地激光通信技术的潜力。此后，利用自适应光学系统为 OPALS 解决了大气湍流影响激光传输问题，获得 2017 年国际空间站研究和发展大会最受瞩目研究成果奖。

俄罗斯在第 25/26—35/36 长期考察团驻留期间开展了"激光通信系统"实验，旨在测试从国际空间站俄罗斯舱段向地面传输大容量信息。2012 年 10 月 2 日首次实现以 15.625MB/s 的速度向目标传输信息。该项研究获得了 2014 年国际空间站研究和发展大会工程研发和技术类研究成果奖。

（4）ESA 实现"天地握手"

ESA 网站 2015 年 6 月 3 日报道，该机构利用直播视频和力学反馈首次实施天–地远程控制演示，身处国际空间站上的航天员与地面专家通过一对分别位于国际空间站和地面中心的遥控杆感受到了对方握手的力度，向实现远程同步物理感知迈出重要一步。

（5）美国成功实现在轨 DNA 测序

2016 年，NASA 航天员在国际空间站上利用 MinION 微型测序仪成功完成首次微重力条件下的 DNA 测序，标志着人类已经迎来"在空间对活体生物进行基因测序"的新时代。"生物分子测序仪"实验利用微型测序仪在空间中开展传染病诊断、鉴定微生物并更好了解航天员发生的遗传变化，其获得 2017 年国际空间站研究和发展大会最佳创新研究工作奖。

（6）国际空间站上的机器人航天员

"机器人航天员"（Robonaut）实验是帮助发展新的空间机器人能力的跳板，实验将演示在微重力环境下灵巧机器人在航天器内发射、操作和控制的机制，在空间环境下的长期工作与任务协作，并最终实现与航天员的交互。NASA 与美国国防部高级研究计划局合作开发的第一代 Robonaut 旨在开展舱外活动。此后，NASA与通用汽车公司合作开发了在微重力环境下可使用航天员工具开展工作的 Robonaut 2，目前正在国际空间站上服役。

（7）美国利用货运飞船开展大型火灾实验

NASA 的"航天器火灾实验"系列研究在天鹅座飞船完成国际空间站货运任务后返回地球的途中开展，旨在更好了解微重力环境下火焰是如何蔓延的，从而保障载人航天任务的防火安全。此前，NASA 曾在航天飞机和国际空间站上开展过相关研究，但为降低实验风险，研究规模较小。"航天器火灾实验"实验火焰比以往实验大得多，研究各种可燃材料上火焰蔓延的方式。实验已经获得一些发现，其中最令人惊讶的是火焰蔓延的速度比预期慢得多。

（8）国际空间站成为高效的小卫星释放平台

由 NanoRacks 公司开发的"纳米机架立方体卫星部署器"和JAXA 开发的"日本实验舱小卫星轨道部署器"已经从国际空间站释放部署了多颗小卫星，两家机构由此共同获得 2017 年国际空间站研究和发展大会最佳创新研究工作奖。从国际空间站部署释放小卫星这一方法为教育界、工业界和学术界提供了廉价、频繁的小卫星发射机会，并促进了国际合作。这些小卫星可开展多种研究，以对地观测研究为主，如天气模式研究和大气气体分子监测等。

（9）模块化微型实验硬件助力科研

NanoRacks 公司开发出基于模块化概念的微型实验硬件，极大降低了微重力研究的开发成本，获得 2013 年国际空间站研究和发展大会最佳创新研究工作奖。

Space Tango 公司设计开发国际空间站微重力研究平台 Tangolab－1 获得 2016 年国际空间站研究和发展大会最佳创新研究工作奖。该平台可最多容纳 21 个独立实验自动运行，并可通过互联网近实时地将数据传输给用户，从而减少对航天员操作实验的需求。

ESA 也已启动国际空间站商业研究服务，提供在"哥伦布"实验舱中利用"冰立方"研究模块开展实验的机会。

四、研究发现与主要结论

通过上述研究，得出如下研究发现与主要结论：

1）技术开发与验证是国际空间站的重点科研领域，涉及 20 余个研究方向，实验规模持续扩大，各国航天局各有侧重，NASA 占据绝对优势。技术开发与验证实验共计 317 项，占国际空间站实验项目总数的 22%，排名仅次于生物学与生物技术实验领域。技术开发与验证实验涉及 20 余个研究方向，其中以小卫星及控制技术、航天器及轨道环境、表征实验硬件、通信与导航方向实验最多。自第 18 长期考察团以后，技术开发与验证实验项目数量呈快速上升态势，近两年每次任务开展技术实验已达 80 项左右。在全部 317 项技术开发与验证实验中，NASA 支持开展 223 项实验，占 70%，在大多数研究方向上都处于绝对领先或领先位置。此外，Roscosmos 支持开展 36 项实验，航天器及轨道环境实验最多；ESA 支持开展 32 项实验，通信与导航实验最多；JAXA 支持开展 21 项实验，航天器材料实验最多；CSA 支持开展 5 项实验。

2）技术开发与验证实验通常具有明确的空间应用前景和潜在的地面应用方向，并且涉及的应用领域十分宽泛。在空间应用方面，国际空间站是验证未来用于空间的创新技术的绝佳平台，可提供长期微重力环境、与各种航天器系统互相作用、航天员参与等各种有利条件。在地面应用方面，开发创新技术是国际空间站科研活动服务国计民生的 5 类效益之一，已经实现在净水技术、先进材料、机器人、成像技术、计算技术等诸多方面的应用效益案例。

3）国际空间站技术开发与验证实验已经产生许多亮眼成果，不仅有力支持了载人空间探索活动所需的各种技术、系统和材料测试等，还有望为地面人民生活带来更多效益。近年部分有代表性的亮点技术研究成果包括美国成功测试可展开太空舱，美俄突破空间 3D 打印技术，美俄成功开展天-地激光通信，ESA 实现"天地握手"，美国成功实现空间活体生物测序，国际空间站上的机器人航天员，美国利用货运飞船开展大型火灾实验，国际空间站成为高效的小卫星释放平台，模块化微型实验硬件助力科研，等等。

（中国科学院科技战略咨询研究院）

国际空间站运营模式分析

摘要：国际空间站(ISS)已实现在轨运行20年，取得了众多成果。空间站运营管理复杂且周期长，经过多年实践，已经形成较为成熟的ISS运营管理体系，该体系以美俄为主，多国参与合作管理，主要包括项目管理、任务操作、载荷操作和发射控制等方面。本文以国际空间站美国舱段为研究对象，对其运营管理体系的运营职能、组织架构进行介绍，并梳理国际空间站任务规划的流程和阶段划分，在此基础上总结国际空间站运营的特点。

作为全球最大的在轨航天器，国际空间站(ISS)已实现在轨运行20年，在空间应用领域取得了众多成果，并计划延寿至2024年，为近地空间带来更大发展空间。经过多年实践，ISS的运营管理体系已经较为成熟，形成了以美国为主导，多国参与的合作管理体系。

一、国际空间站运营管理体系

ISS运营管理是对空间站运营活动进行全过程的任务管理，包括任务规划和任务实施两个层面，同时具备两个重要的准则：①将空间站作为一个集成的在轨设备进行统一管理和运营，即系统操作统一管理、用户操作统一集成、乘员按照工作组模式工作；②管理和执行是区分层次的，其中战略层(政策)规划以五年为周期，战术层(集成)规划以两年为周期，执行层规划和实施(详细的计划，实时操作执行）需要精确到天。根据任务目标，ISS 管理者确定各方职能，制定相关运营管理方案和任务规划，形成一套行之有效的运营管理体系，确保有序在轨开展应用与试验研究，使 ISS 发挥最大效能。

（一）运营职能

ISS 发展过程中，美国非常重视其运营研究工作，因此 NASA 曾委派专业公司组成评估研究团队对其运营体系进行评估，为更好地利用 ISS 提出相应改进建议。ISS 研究小组将 ISS 的运营职能分为七个方面：项目管理、应用管理、飞行系统控制（包括空间站平台系统、载荷、航天员）、后勤和维修控制、发射场控制、安全性控制以及工程支持。

（1）ISS 项目管理

- 负责空间站项目经费的分配和说明；
- 制定空间站的项目政策，负责国际合作伙伴的管理；
- 负责空间站项目的公共事务管理；
- 空间站项目策略的制定、需求分析和计划的制定；
- 空间站项目的统计、战术需求和计划制定（包括统计清单）；
- 空间站项目的资金预算和商业管理；
- 空间站的安全性需求；
- 空间站的配置管理。

（2）ISS 应用管理

- 空间站的应用和教育活动目标的实现；
- 空间站应用的支持策略；
- 应用项目的选择；
- 应用项目的计划和需求分析；
- 应用项目的战术级规划和需求分析；
- 空间站试验的进展情况；
- 试验结果分析和公布；

- 空间站各个试验间的设备共用；
- 空间站的应用控制和试验集成计划；
- 航天员操作试验载荷的训练工作；
- 空间站的应用控制和实时执行能力。

（3）ISS 飞行系统控制

- 系统使用计划的制定；
- 载荷和试验的分析与综合；
- 任务周期内的系统计划的制定和需求分析；
- 任务周期的统一性计划；
- 飞行乘员的选择和任务安排；
- 乘员训练系统的设计和集成；
- 实时系统控制的执行。

（4）ISS 后勤和维修控制

- ISS 飞行系统（在轨、地面）；
- 多种试验设备（在轨、地面）。

（5）ISS 发射场控制

- 补加/返回处理；
- 搬运之前的试验集成和测试支持；
- 试验集成和测试；
- SSURI 和有效载荷集成（PI）的工作现场；
- 载荷和飞行器的接口测试。

（6）ISS 安全性控制

- 空间站各个试验间的设备共用；
- ISS 飞行系统；
- 安全性集成和评估。

（7）ISS 工程支持

- 多种试验设备；
- ISS 各系统。

图 1　中心负责制职能分配

(二) 组织架构

NASA 采用中心负责制对 ISS 美国部分进行运营管理,主要采用三级组织管理体系结构。空间站项目指导委员会进行任务指导和监督。空间站项目办公室(ISSPO)、任务操作委员会(MOD)和空间站应用研究中心(SSURI)三个职能部门完成运营管理任务。

ISS 中心负责制的第一级是位于华盛顿的 ISS 项目指导委员会,该委员会负责项目的管理和战略规划,主要的职责是政策制定、方针指导、经费预算,以及对外协调事务并关注其衍化发展。副局长办公室的工作范围包括技术层和管理层的必备保障条件、里程碑节点、预算分配和评估,以及支持项目的立法部门、执行机构、用户、国际合作者与 NASA 总部之间的协调。项目指导委

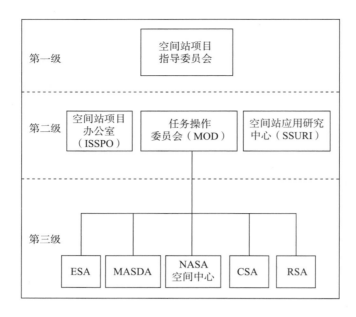

图 2 ISS 的三级组织管理体系结构

员会每月都和 NASA 管理委员会即空间站项目办公室就项目执行情况进行交流，NASA 局长带领科研人员对每月的管理状态进行评估。这些评估的目的是确保出现的任何故障都在空间站可控范围内并提供适时的解决方案。

体系架构的第二级由三个机构组成：空间站项目办公室，任务操作委员会以及空间站应用研究中心。空间站项目办公室负责空间站的发展、飞行和地面系统的运营能力及内部接口与外部接口的控制。主要的职责包括：系统工程与分析、项目规划和发展、运行阶段的资源控制、构型管理、元器件整合以及对控制系统中有效载荷的控制，这个机构的日常管理由项目主管负责。空间站项目办公室负责整合国际合作国的需求。NASA 的空间站项目办公室位于休斯敦的约翰逊航天中心，约翰逊航天中心作为领导机构，管理 NASA 的其他航天中心和国际合作国的航天中心，完成 ISS 的运营管理任务。约翰逊航天中心的任务操作委员会负责航天飞机和 ISS 具体的运营管理活动。空间站应用研究中心负责管理 ISS 美国部分的应用活动，负责将运营和维护职能分配到 NASA 的各个空间中心。空间站应用研究中心由 NASA 的菲尔德空间中心负责成立，支持在轨科学试验并管理其执行情况。

体系架构的第三级是具体执行运营任务的各航天中心。主要负责 ISS 项目的方案论证、研发和运行阶段的管理，以及对制造不同部件的公司的各项活动进行监督指导。

二、国际空间站任务规划

ISS 任务规划的本质是制定空间站有效载荷任务（科学试验、工程技术试验等）和空间站系统任务（乘员轮换、货物补给、试验结果返回、在轨维持维护、功能改进等）的操作计划和序列，所以任务规划过程也是如何制定这两类操作的过程。

（一）任务规划流程

ISS 任务规划由分布在全球的规划机构实施，进行任务规划的组织有 NASA 的约翰逊航天中心（JSC）、马歇尔航天飞行中心（MSFC），俄罗斯国家航天集团公司，欧洲航天局，日本宇宙航空研究开发机构。加拿大航天局（CSA）只是参与了 CSA 有效载荷规划的地面准则、要求和约束（Gr&C）分析。ISS 任务规划流程如图 3 所示，具体阐述如下：

1）首先由各个运行控制中心和载荷集成中心分别提出系统操作需求和载荷操作需求，JSC 和 MSFC 负责集成空间站所有系统操作需求和有效载荷的需求，最终由 JSC 集成为空间站系统操作和有效载荷操作规划的 Gr&C，形成最终报告。

2）JSC 将空间站系统操作和有效载荷操作规划的 Gr&C 最终报告发布给各国相关规划组织，由它们规划出各自舱段系统和有效载荷的操作序列。

3）各国相关规划组织将规划结果传递到 JSC 和 MSFC 进行协调集成，其中 JSC 负责系统操作规划及系统协调集成，MSFC 负责有效载荷操作序列协调集成，最终由 JSC 将二者合成为空间站的操作序列，上传至 ISS。

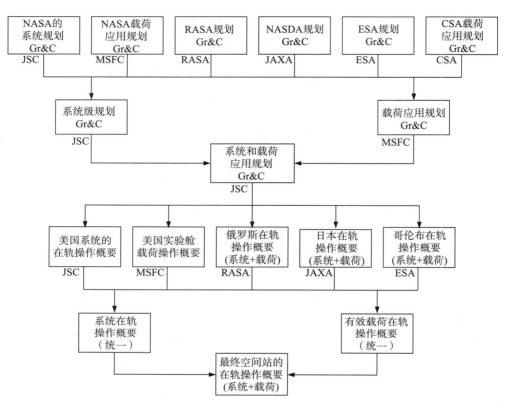

图 3   国际空间站任务规划流程

(二) 任务规划阶段

ISS 作为一个长期在轨航天器，任务规划要覆盖其在轨时间，周期很长，目前比较通用的方法是将空间站全寿命周期任务按时间分成多个任务周期，从而将空间站的任务规划问题转化为多个短周期的任务规划问题。一般而言，任务周期是指从航天器到达空间站，直至乘员随访问航天器更替撤离的这一飞行阶段。任务周期的具体含义会随着空间站的不同以及在不同的飞行阶段而变化，例如 ISS 任务周期是指两个特定的航天器访问空间站这一间隔，并且这两个特定访问必须使得空间站上乘员发生变化。由于空间站在轨运行是一个长期过程，因此其任务规划是多层次的规划体系，是一个由远到近、由粗到细的过程。空间站任务规划分为四个层次：战略层、战术层、任务层和执行层。其中执行层规划也是任务实施所需要解决的主要问题。

表 1　ISS 规划层次划分

规划任务	规划周期	规划结果
战略规划	5 年	空间站装配计划 活动和应用计划 活动和应用的地面准则、要求和约束 规划时间内的任务周期清单
战术规划	2 年	资源分配、活动和飞行详细清单 活动可靠性评估 有效载荷应用协议 航天器访问空间站协议
任务周期规划	任务周期	精确到天的操作序列 操作相关信息数据文件
执行规划	周、日	周操作序列 日操作序列

1. 战略规划

规划输入：空间站工程的建造和运营实施方案。

规划实施过程：战略规划进行的是长周期时间任务规划，规划周期通常是 5 年，由空间站工程办公室和各级运营管理委员会执行规划。每年，进行新的 5 年规划，之前的 5 年规划中的第一年可以删去，更新第四年和第三年，而临近执行的两年规划所反映的信息是战术规划者提供的，统一的运营和应用计划（COUP）作为战术规划的重要输入文档，战术规划者将 COUP 的执行情况反馈给战略级规划者。

规划结果：战略级任务规划的结果主要是各类文档报告，包括一般性的地面准则、要求和约束；统一的运营和应用计划；任务清单(MIM)；装配次序。

2. 战术规划

规划输入：战略级规划完成的统一的运营和应用计划和任务清单。

规划实施过程：战术规划的执行机构由 NASA 的中心相关机构 JSC/OC、JSC/OZ、MSFC/POIC 完成。战术规划启动于载荷规划(PP)的前 30 个月，主要用于完成任务阶段定义和需求规划报告(IDRP)。在 PP - 16 月发布初步的 IDRP，以后每 6 个月根据需要更新一次 IDRP。战术规划是多国多边协调过程，确定每个任务阶段的资源、分配、研究目标、优先权和载货单，同时进一步深化战略阶段规划的访问计划等。

规划结果：战术规划的主要输出结果包括：任务周期需求计划(IDRP)、资源和工程可行性评估(REFA)、有效载荷集成协议(PIA)、多边任务阶段训练计划(MITP)、任务集成计划(MIP)、任务周期执行评估、载货清单。

3. 任务阶段执行前规划

规划输入条件：任务阶段执行前规划指在交付规划周期定义要求文档前 1~18 个月的长距离规划，一直持续到任务发射，在这个阶段获得实际的飞行和任务规划结果。战术规划的结果文档是作为任务执行前规划的输入文件。

规划实施过程：对任务阶段期间所有要执行的操作进行了大概的规划，并且安排站上最重要资源的应用方案。该阶段的两类重要规划结果是访问飞行器运载工具(ETOV)联合操作规划和在轨操作概要(OOS)。OOS 是整个任务期间系统和载荷活动的高层规划的概要。ETOV 联合操作规划提供了联合操作期间操作的详细定义，是对 OOS 中高层规划结果的进一步补充。

规划结果：该任务阶段的输出结果包括：在轨操作概要、飞行规则、执行规划地面准则和约束条件、操作数据文件(ODF)、一体化操作计划工具(IOP)。

4. 任务阶段执行规划

规划输入条件：主要输入文件是 OOS。任务执行规划指在任务执行时对任务阶段内的某一段进一步规划，一般是一周或两周，得到更加细节化的规划结果。

规划实施过程：规划阶段起始于任务周期启动。规划产品的生成遵循"即时开发"原则，以便于能随时提供最新规划结果，最小化实时重规划的频率。任务执行阶段规划分为三个阶段：短期规划、实时规划和实时重规划。

（1）短期规划(STP)

短期规划是开发空间站系统和载荷操作活动时间表，通常以周为基本规划周期，如果必要，更新该周后面活动的长期时间表。其技术要点包括：规划需求的更新由载荷用户通过载荷信息管理系统(PIMS)提交操作变化需求。规划结果是未来周活动计划(WLP)，实质上也是 STP 的一种。

（2）实时规划和实时重规划

实时规划目的是开发地面和站上详细活动时间表。规划结果是未来周活动计划(WLP)、短期计划(STP)、在轨短期计划(OSTP)。

实时重规划是为了反映系统和载荷操作的变化而重新生成详细地面和站上活动时间表的过程。规划结果是在轨短期计划(OSTP)。

三、国际空间站运营特点

（一）运营职能明确，组织架构规范

根据 ISS 的运营职能，其最终选择中心负责制建立相应的组织架构。ISS 运营管理任务由空间站项目办公室负责，它的主要任务是负责空间站健康安全在轨运行，充分利用现有的、成熟的载人航天工程管理体系，使用适合空间站且有效的管理体系和协作关系，使得参与空间站建造和运行的各技术系统和管理机构，既能够发挥其技术优势独立完成建造和运行过程中特定的任务，又能够在统一调度下与其他系统长期协调地运作，简单、快速、有效地组织实施空间站运行的各项任务，保障空间站的顺利建造和长期稳定运行。

（二）项目流程清晰，操作有章可循

ISS 上每个有效载荷硬件的研制时间各不相同，短则几天，长则数年。NASA 根据载荷开发的时间，针对不同阶段的组织管理各有侧重。在发布研究公告阶段，严格执行同行评议制度，组织科学和技术专家团队对提交的研究建议进行评估和遴选；在战略规划阶段，强调明确需求，包括设计、开发、测试、安全及验证等方面；在战术阶段，重点在资助方、有效载荷集成机构、国际空间站计划办公室机构的支持下进行任务集成；实施阶段一般为 6 个月，主要进行科研工作，期间会经历航天员轮换；航天员返回后的运行阶段则主要针对硬件和数据返回等工作进行组织管理，包括研究总结和更新、工作汇报、正式公布研究结果等；各阶段均由专门的机构按照标准流程进行管理。这种工作要求和管理方法科学透明，规划长远，细节清晰，重点突出，确保了空间站上的科研工作从获得资助、项目遴选直到研究计划实施和总结等每个环节都得以高效落实。

（三）推进公私合营，拓宽发展空间

当前，美国正利用 ISS 开展新型商业合作关系，并计划逐步将 ISS 的运营从政府资助、承包商提供产品和服务的方式转向商业供应、政府作为用户的方式。目前，主要通过 ISS 商业成员和货物运输及站上商业搭载等方式开展商业活动。其中，商业运输具有有限的 NASA 监管，灵活、现代的采购流程以及可控成本和计划的固定价格激励机制等几方面特点；商业搭载也是实现公私合作，提升效益的一个有效途径。

（四）注重成果转化，发挥最大效能

美国向来注重航天技术的应用以及成果转化和推广，这一举措一方面促进了航天技术的发展，另一方面将航天技术很好地融入社会、经济、科技发展，促进了公众和社会对航天的认识、认可、热爱和支持。以《NASA 技术成果转化》为例，为美国带来如下益处：首先，向美国国内和国际社会展示了 NASA 的成就，一方面展示了美国在全球技术领域和竞争力方面的领先者地位，另一方面为 NASA 争取政府与民众的认可和经费支持提供了有力的支撑；其次，展示了美国发明家、工程师和企业家的聪明才智，以及美国政府对上述人员的帮助和扶持；最后，向美国国内和国际社会展示了航天技术应用于社会不同领域的可能性，并为其他军工部门提供了可参考和借鉴的技术转移途径。

（北京空间科技信息研究所）

附录篇

大事记

1. 1 月 23 日，蓝色起源公司的新谢帕德亚轨道飞行器成功完成了第 10 次试飞。乘员舱飞到了 106.9km 的最大飞行高度，并于起飞后 10 分 15 秒乘降落伞着陆，推进舱实现了有动力垂直着陆。NASA 称此次成功试飞是"里程碑式飞行"，并宣布将授予参加试飞的两名航天员商业航天员证书。

2. 1 月 25 日，俄罗斯进步号 MS－09 货运飞船与国际空间站分离并坠入太平洋。进步号 MS－09 货运飞船于 2018 年 7 月 10 日发射入轨，首次使用了绕地飞行两圈后与国际空间站对接的"超短飞行模式"，飞行用时仅 3.5 小时。

3. 1 月 28 日，俄罗斯国家航天集团公司总经理罗戈津签署了关于为航天员授予级别的命令。根据参加航天飞行的次数和成果，为加加林航天员中心的航天员授予相应的级别。完成一次飞行的航天员被授予三级航天员，两次飞行后被授予二级航天员，三次飞行以上的被授予一级航天员。

4. 1 月 30 日，印度空间研究组织（ISRO）设在班加罗尔的载人航天飞行中心正式投入使用。

5. 1 月 30 日，俄罗斯能源火箭航天公司公布了其月球探测飞行及航天员着陆任务的相关方案。根据项目规划，首先发射起飞/着陆舱，约 6 个月后，联邦号飞船发射并飞抵近月轨道与起飞/着陆舱对接。航天员乘坐起飞/着陆舱登陆月球，完成月球任务后，航天员乘坐起飞/着陆舱至近月轨道与联邦号飞船对接，分离后航天员乘坐联邦号飞船返回地球。

6. 2月1日，国际空间站美国舱段宁静号节点舱的卫生间出现漏水现象。该卫生间是 NASA 2007 年从俄罗斯订购，2008 年由奋进号航天飞机运抵空间站。漏水现象并未影响到空间站的正常运行。

7. 2月8日，NASA 航空航天安全委员会发布了 2018 年度研究报告，对 NASA 在过去一年中的安全问题进行了分析评估，并对取得的成绩、突出的问题及关注的事项进行了重点总结。其中存在的问题包括商业乘员项目仍有技术风险、载人事故响应程序有待优化、微小行星和空间碎片风险依旧存在、探索系统研发项目面临的挑战与问题、欧洲服务舱推进系统进度需要加强等。

8. 2月27日，加拿大总理贾斯汀·特鲁多宣布，加拿大将会同 NASA 继续合作，并将在未来 24 年里为月球轨道平台门户项目投资 20 亿加元（约合 14 亿美元），其中未来 5 年里为新开展的"月球探测加速器计划"投资 1.5 亿加元。加拿大成为首个正式加入 NASA "门户"项目的国家。

9. 3月2日，SpaceX 公司使用猎鹰 9 构型 5 火箭携带载人龙飞船从肯尼迪航天中心 LC－39A 发射台发射，成功完成了商业乘员计划下的首次商业载人飞船的无人试飞。这是自 2011 年航天飞机退役以来，美国第一次使用自主研制的载人火箭和载人飞船从本土发射，其成功不仅标志着 SpaceX 公司成为全球第一家进入太空的私营公司，同时也标志着美国向再次拥有载人发射能力迈进了坚实的一步。

10. 3月11日，NASA 公布了 2020 财年预算案，预算总额为 210.19 亿美元。其中，载人航天探索领域的相关活动集中于深空探索系统、低地球轨道和航天飞行操作，总预算为 93.074 亿美元，占到了 NASA 总预算的 44% 左右。

11. 3月12日，NASA 行星科学部设立了"阿波罗-新一代月球样本分析"项目，分别对未开封的月球样本进行科学研究。这三个样本来自阿波罗第 15、16 和 17 次任务，其中最珍贵的是 1972 年 12 月第 17 次任务中航天员采样带回的重约 800g 的样本。该项目的预算为 800 万美元。

12. 3 月 12 日，JAXA 与丰田汽车公司达成合作协议，共同开展国际太空探索项目。作为该项目的起点，JAXA 和丰田汽车公司合作研发一款增压式载人月球车，计划 2029 年由美国火箭发射升空，推动并实现日本航天员登月探索。

13. 3 月 15 日，俄罗斯联盟 FG 运载火箭从拜科努尔航天发射场成功发射联盟号 MS－12 载人飞船，飞船顺利进入预定轨道并于 6 小时后与国际空间站对接。飞船搭载的 3 名航天员分别是俄罗斯航天员阿里克谢·奥夫钦宁、美国航天员尼克·黑格和克里斯蒂娜·库克。

14. 3 月 22 日，国际空间站两名美国航天员完成了今年的首次出舱活动，在约 6 个半小时的出舱活动中，航天员完成了为空间站太阳能电池板更换电池、清理空间碎片等工作。

15. 3 月 25 日，俄罗斯国家航天集团公司总经理德米特·罗戈津向塔斯社表示，该国拟于 2028 年发射的新一代叶尼塞(Yeni-sei)超重型运载火箭的研制与首飞任务成本达到 7400 亿卢布(约 116 亿美元)。这笔资金主要用于：设计制造叶尼塞火箭、建造火箭发射工位、发射试验型火箭(不包含航天器)的前期任务准备及发射实施。

16. 3 月 26 日，美国副总统彭斯在国家航天委员会第五次会议上提出，根据特朗普总统的指示，新的目标是在 2024 年实现载人登陆月球南极地区，比之前的目标整整提前 4 年。总统要求 NASA"使用一切必要手段"确保登月任务取得成功，登月的航天员中包括一名女性航天员。

17. 3 月 30 日，国际空间站上的两名航天员完成了今年第二次出舱活动，在约 6 小时 45 分钟的出舱任务中，航天员为空间站更换了 3 组锂电池，回收一枚失效电池。其中女航天员克里斯蒂娜·库克成为全球第 14 位完成出舱活动的女性航天员。

18. 4 月 2 日，NASA 局长吉姆·布里登斯廷在美国众议院科学、太空和技术委员会举行的 NASA 2020 财年预算请求听证会上称，美国将航天员登陆月球的计划提前到 2024 年，在 2033 年将航天员送上火星，并在火星上生存 2 年。

19. 4 月 3 日，日本隼鸟-2 探测器发射"小型便携式撞击装置"(SCI)，对"龙宫"小行星表面进行爆破冲击，以获取小行星内部岩石样品。这也是 SCI 的首次太空试验，此次试验的成功不仅验证了该装置的有效性，而且初步展示其作为空间对抗武器的军事潜力。

20. 4 月 3 日，NASA 宣布批准波音 CST-100 星际客船商业载人飞船首次载人试飞任务。此次任务代号为"载人试飞"(CFT)，NASA 计划延长这次飞行任务在轨停留时间，延长 CFT 任务时间将让国际空间站上的机组人员能够开展更多的科研和维护工作，有助于保证 NASA 在从完全依靠联盟号飞船向采用 SpaceX 公司、波音公司和俄方飞船运送人员过渡期间，美国舱段能全面有人值守。

21. 4 月 4 日，俄罗斯在拜科努尔航天发射场利用联盟 2-1a 运载火箭成功将进步号 MS-11 货运飞船发射进入预定轨道。飞船采用两圈超短程飞行模式，经过 3 小时 21 分钟飞行后成功与国际空间站对接，创造了国际空间站与造访飞船交会对接最短时间纪录。

22. 4 月 4 日，NASA 出版了《国际空间站造福人类(第三版)》，书中介绍了在轨道微重力实验室进行研究的诸多收益，包括对国际空间站经济价值的新评估以及有关科学价值的更详细的信息。

23. 4 月 4 日，NASA 在斯坦尼斯航天中心 A-1 试车台成功完成了编号为 2062 的 RS-25 飞行用发动机的热试车。本次试车标志着用于 SLS 火箭前 4 次发射任务的 16 台 RS-25 芯级发动机的试车工作全部完成,是 NASA 登月任务下完成的一个重要里程碑。

24. 4 月 4 日,NASA 局长吉姆·布里登斯廷致信印度空间研究组织(ISRO)主席西万,称 NASA-ISRO 载人航天工作组的合作将恢复,根据白官最新指示,美国期待继续延续载人工作组的合作。但是,NASA 副局长孔德斯曾在 3 月 29 日致信 ISRO 称,NASA 认为通过反卫星试验有意产生空间碎片与载人航天相互冲突,NASA 将立即暂停 NASA-ISRO 载人航天工作组的工作,直到 ISRO 保证未来不再进行反卫星试验。

25. 4 月 8 日,国际空间站两名航天员完成了约 6 个半小时的出舱活动,完成了铺设电缆、升级空间站加拿大机械臂供电系统等工作。这是国际空间站上的第 216 次出舱活动。

26. 4 月 10 日,洛克希德·马丁公司在第 35 届航天大会上称,已经为实现 2024 年载人登月计划制定了一项实施方案,将充分利用现有硬件加快缩小版"门户"以及两级月球载人着陆器的研制。从这一方案的基本内容来看,实现 2024 年载人登月在技术上是可行的。

27. 4 月 12 日,SpaceX 公司的 BLOCK 5 型猎鹰重型运载火箭搭载阿拉伯卫星-6A 通信卫星从美国佛罗里达州肯尼迪航天中心发射升空。此次发射是猎鹰重型火箭继 2018 年 2 月首飞之后的第二次发射,同时也是该型火箭的首次商业发射;此次发射成功不仅证明猎鹰重型火箭设计的正确性,同时为该型火箭的未来大规模应用铺平了道路。

28. 4 月 18 日,美国诺斯罗普·格鲁门公司的安塔瑞斯 230 型火箭在沃勒普斯成功发射了一艘天鹅座货运飞船,任务代号 NG 11,又称天鹅座 CRS-11 任务。发射约 9 分钟后,船箭分离,随后安塔瑞斯火箭释放了多颗小卫星。此次任务飞船上共载有约3436kg物资和设备，是安塔瑞斯火箭迄今载货量最大的一次飞行任务。飞船于4月19日停靠到空间站上。

29. 4月21日，SpaceX公司的载人龙飞船在佛罗里达州肯尼迪航天中心一号着陆区(LZ-1)简易试车台上开展静态点火试验中发生爆炸。事故未造成人员伤亡，但此次爆炸事故波及范围远超预想，飞船严重损毁，逃逸系统安全性可能需要重新进行全面评估。

30. 4月24日，俄罗斯国家航天集团公司总经理罗戈津在俄罗斯航空航天展览中心对外介绍了俄罗斯未来两款超重型运载火箭的特点。叶尼塞运载火箭发射重量为3167t，可以将88~103t有效载荷运送至低地球轨道上，向地球同步轨道运送26t以及向月球运送27t的物资。顿河超重型火箭发射重量为3281t，运载能力更强一些，它可以向低地球轨道运送125~130t物资，向地球同步轨道运送29.5t，向月球轨道运送约32t的物资。

31. 4月29日，国际空间站电力系统的一个配电箱出现故障，经检查，故障出自一台"主线交换单元"(MBSU)。此前，一台MBSU曾发生故障，地面团队利用机械臂更换了故障设备。此次故障可能影响原定于5月1日发射的龙货运飞船。

32. 5月4日，SpaceX公司从佛罗里达州卡纳维拉尔角空军基地第40发射台(LC-40)利用猎鹰9运载火箭成功发射龙飞船，执行国际空间站第17次商业补给服务(CRS-17)。此次任务使用了全新的猎鹰9运载火箭和重复使用的龙飞船，龙飞船搭载约2.5t货物，包括乘员补给、科学装置、仪器设备等，飞船于5月6日抵达国际空间站，航天员将操纵机械臂抓捕飞船，将其对接在和谐节点舱底部。

33. 5月9日，蓝色起源公司在华盛顿特区举行新闻发布会，宣布计划2024年载人登陆月球，并向外公布了名为蓝月亮的新型月球着陆器。蓝月亮着陆器的研制时间已有 3 年，设计可将 3.6t 有效载荷送抵月面，其贮箱加长后，可将 6.5t 有效载荷送抵月面。

34. 5 月 10 日，美国和卢森堡政府签署一项协议，进一步扩大两国在航天领域的合作，其中包括空间探测和科学研究，也包括空间态势感知和航天商业。

35. 5 月 13 日，美国白宫宣布要在 2020 财年为 NASA 追加 16 亿美元的研制经费，用于支持 2024 年重返月球和后续的火星探索任务。此外，NASA 局长吉姆·布里登斯廷宣布，2024 年的载人登月任务将被命名为"阿尔忒弥斯"，计划将首位女性航天员送入月球。

36. 5 月 16 日，NASA 宣布，选定 11 家公司来启动月球着陆器的论证和初步样机研制工作，希望这些着陆器有助于实现 2024 年载人登月的目标。这项工作隶属于 NASA"下一步探测空间技术伙伴关系"计划。该计划旨在支持开展公司合作项目，以开发 NASA 探测规划所需技术。合同总价值 4550 万美元。

37. 5 月 16 日，美国众议院拨款委员会公布一项开支法案，拟为 NASA 提供 223.2 亿美元的 2020 财年经费，比最初申请的高出近 13 亿美元。不过，法案对白宫提出的预算修正案(追加 16 亿美元)并未重视。

38. 5 月 23 日，NASA 发布了《飞向月球：NASA 月球探索战略计划》，其中明确了"阿尔忒弥斯"计划的时间表，该计划将使航天员在半个世纪后首次重返月球，其中包括 8 次预定发射和 2024 年在月球轨道上运行一个微型空间站。NASA 局长吉姆·布里登斯廷称，"阿尔忒弥斯-1"任务绕月、不载人，计划在 2020 年进行；"阿尔忒弥斯-2"任务，将于 2022 年搭载一名航天员绕月飞行；"阿尔忒弥斯-3"任务，将于 2024 年把航天员送到月面。

39. 5 月 28 日，印度空军与 ISRO 签署了一项协议，在 2021~2022 年之间为印度第一次载人航天任务挑选和培训航天员。这项雄心勃勃的计划耗资 9.023 亿卢比，包括将搭载 3 名航天员乘组的重型火箭发射到 350~400km 的高度，在轨道上环绕地球一周进行太空实验，乘组人员的选拔和培训在今年 1 月投入使用的载人航天飞行中心进行。

40. 5 月 30 日，两名俄罗斯航天员顺利完成了一次出舱活动，其主要任务是安装空间实验设备以及对探索号实验舱的舷窗进行清洁。出舱过程持续了 6 小时 1 分钟，比原计划略微提前结束任务。

41. 5 月 30 日，美国政府问责局（GAO）发布年度重大项目评估报告，强调受"詹姆斯·韦伯"太空望远镜和航天发射系统两个大项目持续不断出现问题的影响，NASA 大项目超支和进度推迟问题日益严重。报告称，NASA 大项目平均费用上涨和进度推迟幅度较 2018 年有所增加，且预计还要进一步增加。

42. 6 月 3 日，俄罗斯国家航天集团公司总经理罗戈津正式宣布，开始启动新一批航天员的选拔工作，希望有更多的女航天员参与太空探索任务。这次选拔工作将会持续两年左右的时间，并计划选出 4~6 名新航天员。

43. 6 月 4 日，在日本首相官邸召开了第 19 次宇宙开发战略本部会议，安倍晋三及部会成员参加本次会议。会议决定修改《宇宙基本计划工程表》的重要事项，其中包括决定在今年年内制定出参加载人重返月球计划的相关政策。

44. 6 月 7 日，NASA 宣布了一份文件，该文件是 NASA"下一步探索空间技术伙伴"（NextSTEP）计划的一部分，旨在扩大国际空间站的商业利用，包括政策上的调整以及为商业舱段留出一个对接口，允许商业公司在空间站上进行从制造到营销的活动，允许商业公司将太空游客送到空间站。

45. 6月13日，ISRO主席西万称，在加紧准备首次载人航天飞行的同时，印度打算在近10年间建设一座属于自己的小型空间站，可用于开展空间探测和实验研究。

46. 6月14日，美国总统特朗普签发一项减少国内所有联邦机构下属咨询委员会的行政命令，由此也将迫使NASA关停几个咨询专业委员会。此项总统行政命令特别强调指出，由于某些专业委员会已经完成了其设定发展目标，而相关工作已由其他机构取代，造成联邦政府产生额外运营成本。

47. 6月18日，美国硅谷创企轨道工厂公司在国际空间站上成功完成了一项关键技术试验，利用"传闻"装置在两个卫星试验台之间进行了水传输，验证了微重力环境下卫星在轨推进剂加注的能力。

48. 6月21日，联合国和平利用外层空间委员会在奥地利首都维也纳召开会议，正式批准通过了21条太空长期可持续性发展指南。此次会议批准通过的21条指南涵盖了开展太空活动的行为规定与最佳做法，包括太空运营的安全以及国际合作等。

49. 6月25日，搭载3名航天员的联盟号MS-11载人飞船顺利返回地球，在哈萨克斯坦的杰兹卡兹甘东南处平安着陆。这3名航天员作为ISS第58/59长期考察团成员，从2018年12月3日起在轨值守，在轨飞行204天。

50. 6月25日，美国SpaceX公司使用猎鹰重型火箭从肯尼迪航天中心LC-39A发射台执行代号为"空间试验计划"（STP-2）的美国空军发射任务，将包括适配器及24颗小卫星在内的重约3.7t有效载荷发射升空。此次任务是猎鹰重型火箭的第三次发射，同时也是其首次执行美国空军发射任务。任务成功完成了卫星发射和助推器陆地回收，并首次实现了对一瓣整流罩的张网捕获，但火箭芯级回收失败。

51. 7月11日，JAXA的隼鸟-2小行星探测器在小行星表面再次短暂停留，进行采样活动。此次采样选取的地点是爆炸装置投放后产生的凹坑边缘。隼鸟-2 在 2 月份时进行了一次采样，并投放了三个跳跃式漫游车。

52. 7 月 16 日，JAXA 与丰田汽车公司签订载人月球车共同研究协议，时限为 3 年，该月球车长约 6m，宽约 5.2m，高约 3.8m，有 6 个车轮，车内有 13m² 活动空间，最多可乘坐 4 人，由燃料电池驱动，最大行驶距离可达 10000km，航天员在车内增压环境下无需穿着航天服。

53. 7 月 16 日，SpaceX 公司在其位于得克萨斯州的试验设施中对"跳跃者"试验飞行器进行了一次静点火试验，此次试验是为计划于不久后进行的首次无系绳试飞做准备。发动机点火持续了约 5s 后，试验飞行器瞬间燃起巨大火球。事故发生后，"跳跃者"外形看起来完好无损，工作人员随后对其采取了泄空贮箱和关机措施。此次事故导致首次无系绳试飞试验推迟。

54. 7 月 21 日(莫斯科时间 7 月 20 日)，俄罗斯使用联盟 FG 运载火箭在拜科努尔航天发射场成功将联盟 MS-13 载人飞船发射入轨。飞船搭载 3 名航天员，经过 6 小时 20 分飞行，成功与国际空间站对接。搭载的分别是俄罗斯航天员亚历山大·斯科沃佐夫、意大利航天员卢卡·帕尔米塔诺和美国航天员安德鲁·摩根。按计划，斯科沃佐夫和帕尔米塔诺将在国际空间站工作 7 个月，执行 2 期长期考察任务；摩根将在轨工作约 10 个月，执行 3 期长期考察任务。此次任务为联盟 FG 运载火箭的第 59 次发射任务，联盟号系列飞船的第 142 次任务，也是联盟号 MS 飞船的第 13 次任务。

55. 7 月 22 日，印度月球探测器——月船 2 号搭乘印度地球同步卫星运载火箭(GSLV Mk Ⅲ)在印度萨迪什·达万航天中心顺利发射升空，开启了印度的第二次探月之旅。月船 2 号项目总耗资约 1.2 亿美元，所有设备和部件均来自印度国内，是目前研制成本最低的月球探索任务之一。该探测器重达 3840kg，包括绕月轨道飞行器、着陆器和月球车 3 个模块，并携带 10 多个各类研究装置。其中月球降落舱将由俄罗斯航天机构提供，登月机器人则由印俄双方联合研制。

56. 7 月 25 日，SpaceX 公司在其位于得克萨斯州的试验场地完成了"跳跃者"试验飞行器的首次试跳。本次试验中，"跳跃者"点燃其唯——台猛禽发动机，升空并离开发射台数米，在空中停留的时间约为 10~15s，随后返回同一发射台。

57. 7 月 26 日(当地时间 7 月 25 日)，SpaceX 公司利用猎鹰 9 运载火箭从卡纳维拉尔角空军基地成功发射龙飞船，执行国际空间站第 18 次商业补给服务(CRS－18)。此次任务使用了重复使用的猎鹰－9 运载火箭和重复使用的龙飞船。此次龙飞船货运补给任务为国际空间站运送了约 2500kg 货物，包括：国际对接适配器－3(IDA－3)、航天员补给、数十项科学实验所需的材料等，此外还搭载了数颗立方体卫星。

58. 7 月 31 日，俄罗斯在拜科努尔航天发射场利用联盟 2－1a 运载火箭成功将进步号 MS－12 货运飞船发射入轨。飞船采用两圈超短程飞行模式，经过 3 小时 19 分钟飞行后成功与国际空间站对接，再次刷新与国际空间站最快交会对接纪录。此次任务为联盟 2－1a 运载火箭的第 32 次轨道发射任务，进步号系列飞船的第 164 次任务，也是进步号 MS 飞船的第 12 次发射任务。此次发射的进步号 MS－12 货运飞船载有超过 2670kg 货物，为国际空间站带去推进剂、水等用品及科学仪器。进步号 MS－12 货运飞船在停泊期间还将提升空间站轨道高度。

59. 8 月 1 日，NASA 公布了一份由 SpaceX 公司提供的环境评估报告，其中包括肯尼迪航天中心 LC－39A 发射工位的改造计划，该计划旨在为其下一代星际运输系统——"超重－星船"的发射和回收提供支撑。LC－39A 目前承担猎鹰 9 和猎鹰重型火箭的发射工作，这些设施将能支持"超重-星船"每年进行多达24次发射。

60. 8月16日，NASA正式发布了"门户"设施货运补给服务招标文件，合同总价值可达70亿美元，计划年底授出。NASA打算采购向"门户"运送增压和不增压货物以及将废弃物带离"门户"的服务。"门户"及其后勤补给需求与服务将推动深空供应链的建立，从而向进一步商业化迈出重要一步。

61. 8月21日，NASA航天员尼克·黑格和安德鲁·摩根成功完成了一次出舱活动，任务共持续6小时32分钟，两名航天员成功安装了一个国际对接适配器(IDA)。为了支持空间站的组装、维护和升级，航天员已经完成了218次出舱活动，总时长为56天23小时26分钟。

62. 8月22日，联盟号MS-14飞船搭乘联盟2-1a运载火箭从拜科努尔航天发射中心发射升空，飞船搭载了俄罗斯首个机器人航天员F-850。此前联盟号MS系列载人飞船均采用联盟FG运载火箭发射，此次任务首次采用联盟2-1a运载火箭发射，旨在测试载人飞船与火箭的兼容性。任务成功发射证实了联盟2-1a运载火箭适用于载人飞船发射任务。24日，联盟号MS-14载人飞船在与国际空间站交会对接时发生异常，站上航天员中止飞船自动交会对接过程，联盟号MS-14飞船逐渐飞离国际空间站。俄罗斯方面于27日再次尝试交会对接，最终获得成功。初步调查结果显示，导致对接失败的原因是空间站上的"航向"(Kurs)自动交会对接系统出现故障。

63. 8月27日，SpaceX公司的下一代星际运输系统"超重-星船"的飞船级验证机——"跳跃者"进行了一次试飞，这是该系统开发的关键一步。"跳跃者"从位于得克萨斯州布朗斯维尔附近的SpaceX试验场的发射台升空，垂直起飞，短距离平移，然后在起飞后不到1分钟垂直降落在另一个停机坪上。

64. 8月27日，俄罗斯最新型航天服"猎鹰－M"首次向公众展示，该航天服主要用于新一代联邦号载人飞船乘组。"猎鹰－M"航天服进行了如下改进：采用了新型材料，可适用于不同体形的航天员；改进了背包内部结构；对航天员的手进行三维扫描之后生产制作太空手套；航天服的袖子可拆卸，任意组装；头盔上配备了一个信息投射系统。

65. 9月6日，俄罗斯国家航天集团公司总经理罗戈津表示，俄下一代载人飞船——联邦号将改名为雄鹰号。根据新的计划，雄鹰号飞船的首飞时间已经从2022年推迟到2023年，2023年至2024年将执行无人任务与国际空间站对接；2025年开始执行载人任务与国际空间站对接；运载火箭也从联盟5火箭调整为安加拉A5火箭。未来，该飞船将由叶尼塞重型火箭搭载执行深空任务，如月球任务等。

66. 9月7日，俄罗斯首个机器人航天员F－850顺利返回地面。8月22日，F－850由联盟号MS－14载人飞船运抵国际空间站，飞行期间，在航天员的操控下按计划完成了所有预设任务。

67. 9月16日，俄罗斯国家航天集团公司发布了一份初始价值10.6亿卢布的合同，主要内容为对国际空间站俄罗斯舱段进行全面评估，合同期限为2019~2021年，任务包括制定计划在俄罗斯舱段开展科学应用研究和实验项目，并提供执行项目所需的科学技术支持；明确俄罗斯舱段结构及设备组件当前的运行状态及剩余寿命；确定在空间碎片和星体撞击的情况下，俄罗斯舱段及飞船返回舱的稳定性和安全性等。

68. 9月17日，ISRO宣布，印度第二次月球任务出现故障——"维克拉姆"着陆车失去联系。"维克拉姆"着陆车在9月6日即将登陆月球表面的最后阶段与ISRO联系中断，ISRO接收到的最后信号是着陆车距月球表面约2.1km高度时发出的。

69. 9月24日，美参议院拨款委员会商业司法科学小组通过法案，为 NASA 在 2020 财年提供 227.5 亿美元，高于众议院的 223.2 亿美元。NASA 在 3 月的最初预算申请是 210 亿美元，但白宫于 3 月 26 日宣布 2024 年实现重返月球，为此，NASA 不得不在 5 月 13 日申请追加 16 亿美元的预算，使其总预算达到 226 亿美元。

70. 9 月 25 日，俄罗斯使用联盟 FG 运载火箭从拜科努尔航天发射场发射联盟号 MS－15 载人飞船升空，飞船采样快速对接模式，于 5 小时 45 分钟后与国际空间站对接。此次任务中飞船搭载 3 名航天员：美国女航天员杰西卡·迈尔、俄罗斯航天员奥列格·斯克利波奇卡和阿联酋首位航天员哈扎·曼苏里。飞船对接后，国际空间站上值守航天员人数达到了自 2015 年以来最多的一次——9 人。这是联盟 FG 运载火箭退役前最后一次飞行，也是该火箭第 70 次发射。

71. 9 月 25 日，日本 H－2B 304 型运载火箭从种子岛航天中心发射了 H－2 转移飞行器，为国际空间站运输约 5t 的补给物资和科研设备。本次发射原定于 9 月 11 日进行，但当天的任务因射前几小时发射台发生火灾而取消。

72. 10 月 9 日，NASA 发布《2020 NASA 技术分类》报告，该报告共 239 页，将 NASA 的航空、科学与太空等的技术开发活动按技术学科分成 17 个技术领域进行了梳理，主要用于 NASA 技术管理过程。17 个技术领域分别是：TX01 推进系统；TX02 飞行计算和航电；TX03 空间电源和能量存储；TX04 机器人系统；TX05 通信、导航和轨道碎片跟踪与表征系统；TX06 人类健康、生命支持和居住系统；TX07 探索目的地系统；TX08 传感器和仪器；TX09 进入、下降和着陆；TX10 自主系统；TX11 软件、建模、仿真和信息处理；TX12 制造、材料和结构；TX13 地面、测试和表面系统；TX14 热管理系统；TX15 飞行运载系统；TX16 空中交通管理和距离跟踪系统；TX17 制导、导航和控制。

73. 10月9日报道，以色列 Aleph Farms 公司与俄美首次在国际空间站研制生产出了人造牛肉。该方法的实质是，对牛身体肌肉组织模拟再生，航天员用 3D 太空生物打印机生产出了几毫米大小的人造牛肉。

74. 10月18日，日本首相安倍晋三发布消息，政府宇宙开发战略本部已决定让日本加入 NASA 载人登月的规划，有望让日本航天员有朝一日也能落足月面。日本由此成为宣布参与"阿尔忒弥斯"计划的第二个航天国家。首相办公室说："该计划旨在维护绕月运行的一座空间站，开展月球表面探测以及其他事业，而其他目的地也在我们的视野之内。"

75. 10月18日，国际空间站上的 NASA 两名女性航天员完成首次全女性航天员的出舱活动，创造了一项载人航天史上的新纪录。这两个人是克里斯蒂娜·库克和杰西卡·迈尔。整个出舱任务进行了 7 小时 17 分钟，执行了一项舱外修理任务。

76. 10月22日，俄罗斯进步号火箭航天中心举办的科学与技术理事会评审通过叶尼塞重型火箭初步概念设计方案，火箭的研制工作将进入方案细化阶段。叶尼塞火箭基本型的低地球轨道运载能力 70t，后续型号可提升至 100t；其采用模块化设计思路，充分利用联盟 5 火箭、安加拉 A5 火箭成熟的发动机及其他组件降低研制风险和成本，计划 2028 年从东方发射场新建的专用发射台首飞，为后续实现载人登月奠定基础；火箭研制与首飞任务成本约 7400 亿卢布(约 116 亿美元)，主要包括设计制造叶尼塞火箭、建造火箭发射工位、发射试验型火箭(不包含航天器)的前期任务准备及发射实施费用等。

77. 10月25日，日本最大的火箭制造商三菱重工宣布，升级的 H－3 火箭最快将于 2025 年首次亮相，向月球运送货物。H－3 火箭有望在 2020 年进行首次发射，将取代现役的 H－2A 和 H－2B 火箭。H－3 的发射价格将更低，以便在满足日本军事和民用发射需求的同时，在全球商业卫星发射市场占有更大份额。H－3可将超过7900kg的载荷发射到地球同步转移轨道；而H－3改进型(采用升级的第二级)可以使用HTV－X向月球"门户"空间站运输3400kg加压货物和1000kg非加压货物。

78. 10月31日，欧洲航天局发布《技术战略》报告，认为没有政府支持，欧洲航天产业将无法保持其技术优势。报告同时提出欧洲航天局的四大技术目标：卫星制造提速30%；开发大幅降低空间系统成本、提升效率的技术；技术开发和转化全面提速；开发空间碎片主动清除技术。

79. 11月2日，诺斯罗普·格鲁门创新系统公司的安塔瑞斯230+型火箭在沃勒普斯航天发射场发射了天鹅座货运飞船，执行NASA商业补给服务任务，为国际空间站运送3720kg的补给物资和科研设备。

80. 11月6日，美国参议院推出了一项新的NASA授权法案，要求延长国际空间站使用寿命，并指示NASA在2024年前研制出航天发射系统的一个升级型号。该法案正式授权NASA在2020财年开支227.5亿美元，授权把国际空间站使用寿命延长到2030年，此外，法案还包括推动低地球轨道商业化、肯定NASA深空探测规划等条款。

81. 11月9日，NASA宣布，SLS首飞箭芯级4台RS－25发动机完成结构安装，标志着用于"阿尔忒弥斯－1"任务的SLS芯级结构组装工作已经全部完成。

82. 11月20日，印度主管航天部的国务部长辛格称，因制动推力器问题，"维克拉姆"着陆器9月6日在月球上硬着陆而坠毁。这是印度政府首次正式承认着陆器在尝试着陆时任务失败。导致这一事故的原因正在调查中。

83. 11月27日，欧洲航天局部长级会议在西班牙塞维利亚举办，此次名为"航天19⁺"的会议为期两天，来自22个成员国的代表就欧洲航天局未来三年的投资和重点项目做出决定。各成员国同意今后 3 年提供近 125 亿欧元的经费（约 138 亿美元），主要支持四大支柱领域：科学与探测、应用、使能与支持配套项目和空间安全。

84. 12 月 5 日，SpaceX 公司的猎鹰 9 火箭在卡纳维拉尔角空军基地发射了龙货运飞船，执行 NASA 商业补给服务 CRS - 19。本次发射因气候原因推迟一天，飞船定于 8 日与国际空间站对接，为国际空间站带去约 2617kg 的补给物资和科研设备。

85. 12 月 6 日，俄罗斯联盟 2 - 1a 运载火箭在拜科努尔航天发射场发射了进步号 MS - 13 货运飞船执行国际空间站货运任务。飞船搭载了约 2.7t 食品、推进剂和其他物资。飞船于 9 日与国际空间站对接，这一对接时间的选择是为了给 5 日发射的 SpaceX 公司的龙货运飞船留出对接空挡。

86. 12 月 9 日，美国联邦政府发布了经修订的轨道碎片减缓指南，这是该指南 2001 年发表以来首次更新。新版指南保留了原版的四大目标，涉及正常运行时的碎片控制、最大限度减少因爆炸事故产生的碎片、采样安全的飞行剖面和运行配置以及空间结构的处置。新版指南增设了第五个目标，涵盖了其他问题，如立方体和大星座的运行及卫星在轨服务。

87. 12 月 11 日，蓝色起源公司的新谢帕德亚轨道飞行器在该公司位于得克萨斯州的试验场进行了第 12 次飞行，任务编号 NS - 12。这次飞行未载人，但携带了一些实验设备。这是该飞行器自 2017 年 12 月以来的第 6 次飞行，乘员舱飞到约 104.6km 的最大飞行高度，起飞约 10 分钟后成功着陆。

88. 12 月 12 日，NASA 宣布为其"奥西里斯-雷克斯"探测器选定了在贝努小行星上开展采样的地点，地点为贝努高北纬地区称为"夜莺"的一座陨石坑。按计划，NASA 将于 2020 年 8 月实施该项任务，这项耗资 8 亿美元的任务要研究太阳系早期情况和是否可能把贝努类富碳小行星样本物质带到地球并发挥作用。

89. 12月16日，美国国会公布终版 2020 财年开支法案，拟为 NASA 拨款 226.29 亿美元，基本等于 NASA 2020 财年的预算申请加上 16 亿美元的"阿尔忒弥斯"计划追加经费。相比 2019 财年实际拨款高出了 11 亿美元。根据该法案，在深空探索系统领域，拨款总额为 60.176 亿美元；在探索系统研制领域，SLS 获得 25.859 亿美元、猎户座飞船获得 14.067 亿美元、探索地面系统获得 5.9 亿美元、在探索研究与开发领域获得 14.35 亿美元；在航天技术领域，获得 11 亿美元，用于支持先进前沿技术的发展；在航天操作领域，获得 41.402 亿美元，支持国际空间站运行与维护。

90. 12月20日，波音公司的 CST-100 商业载人飞船在卡纳维拉尔角空军基地由宇宙神 5N22 型火箭发射升空，执行一项不载人试验飞行任务。但船箭分离后飞船并未按计划进入预定轨道，无法与国际空间站对接。12月22日，波音公司的 CST-100 商业载人飞船返航，飞船降落在位于新墨西哥州白沙导弹靶场的航天着陆场。本次任务计划持续 8 天，但由于任务计时器偏差了 11 小时，导致推进剂过量消耗，让飞船失去了飞抵空间站的可能，任务宣告失败。

91. 12月28日，NASA 女航天员克里斯蒂娜·库克打破了女性单次空间飞行时间纪录，原纪录是由 NASA 另一位女航天员佩吉·惠策恩于 2017 年创造的 289 天 5 小时 1 分。

2020 NASA 技术分类

一、引言

NASA 从事多项技术开发活动，旨在扩展航空、科学和太空领域的知识和能力，以帮助实现 NASA 的任务。为了管理和交流涉及广泛领域的各项技术，NASA 采用了技术分类法。该分类法可以识别、组织和交流各个技术领域，以帮助 NASA 实现未来太空飞行任务和航空活动。

《2020 NASA 技术分类》是对《2015 NASA 技术路线图》中的"技术领域分解结构"（TABS）的更新。TABS 现在被称为分类法，广泛用于 NASA 文件、TechPort 网页、招标、网站以及国内外其他多个领域。特别值得一提的是，该分类法提供了一种架构，旨在清晰表达 NASA 的技术领域，这对 NASA 管理和交流其技术开发工作至关重要。

1.《2020 NASA 技术分类》

NASA 不断拓展太空飞行任务和航空活动的疆界，追求挑战性目标，因此需要更为先进的技术能力。不断拓展的太空探索带来了新的挑战，例如维持人类在太空中的存在，有效导航前往从未涉足的深空，以前所未有的远距离进行通信等。对于航空业而言，日益增长的空中交通量使下一代空中交通管制，高保真、集成、分布式仿真系统，以及能降低噪声和碳排放量的下一代飞机成为人们的迫切需要。为应对上述以及其他众多技术挑战，需要在许多领域进行创新性技术开发，在成熟技术的基础上还需开发新的技术能力。

《2020 NASA 技术分类》提供了一种分类标准，用于阐明实现未来太空任务和支持商业太空旅行所需的技术开发学科。上述分类标准可用于对推动 NASA 任务相关的技术领域进行确定、分类与交流。根据上述分类标准(TX)，2020 修订版包括 17 个不同技术领域，每个技术领域还包含细分结构。《2020 NASA 技术分类》使用三层结构对各种技术类型进行分类和组织。1 级代表技术领域，即该领域的名称(例如 TX01：推进系统)。2 级是子领域列表(例如 TX01.1 空间化学推进)。3 级对子领域内的技术集(例如 TX1.1.1 集成系统和辅助技术)进行分类。《2020 NASA 技术分类》还包括技术部分的示例，提供相关技术的非扩展性示例。

技术分类是 NASA 技术管理流程的基础要素。NASA 任务部(MD)参考该分类标准征求技术建议，并为 NASA 的技术政策、优先发展项目和战略投资提供决策依据。相关投资可在 TechPort(一个基于 Web 的公开软件系统)进行跟踪，该软件系统可作为 NASA 全局技术数据源和决策支持工具。TechPort 利用该分类法对 NASA 支持的众多技术项目进行分类。

2. 历史沿革

NASA 最早于 2010 年发布了技术路线图和技术领域分解结构的草案，随后又分别于 2012 年和 2015 年进行了更新，《2020 NASA 技术分类》是这一更新过程的延续。

技术路线图的制定始于 2010 年，当时 NASA 确定了 14 个航天技术领域，其中包括主要技术挑战和相关航天飞行任务。2010 年 12 月，NASA 发布包括技术领域分解结构在内的技术路线图草案。2012 年年初，美国国家研究委员会(NRC)对该草案进行了评审，并发布《NASA 航天技术路线图和优先事项：重振 NASA 技术优势并为进入航天新时代铺平道路》。2012 年 4 月，向公众发布了路线图和相关技术领域分解结构的最终版本。

《2015 NASA 技术路线图》增强并扩展了 2012 年技术路线图的技术领域分解结构，以响应 NASA 不断变化的需求、技术进步以及国家研究委员会和其他相关方提出的改进建议。NASA 开始着手更新技术路线图，旨在完善编制过程、路线图范围和路线图内容。NASA 从 NASA 技术执行委员会(NTEC)、2013 年技术交流会以及 NASA 中心技术委员会(CTC)处征求意见，根据技术执行委员会的决策以及中心技术委员会和外部相关方的意见，NASA 改进了编制过程以及路线图的内容与格式。

2014 年，NASA 成立了技术路线图制定小组，成员来自 NASA 各部门，旨在编制技术领域分解结构和路线图草案。随着路线图草案的制定，NASA 与其他政府机构举行会议，征集各方意见并评估候选技术。2015 年春季，NASA 对该路线图进行了内部审核，并向公众发布，以收集意见和建议。路线图及其技术领域分解结构经过了多轮完善，扩大了技术范围并实现了更好的标准化。

2020 年版文件的修订过程始于 2017 年，由 NASA 中心技术委员会、首席技术专家办公室(OCT)和主题专家(SME)牵头，并评估了 2015 年技术领域分解结构。此外，还对 2015 年版技术路线图的用户群进行了调查，以了解 2015 年路线图的使用情况。根据评估结果，决定 2020 年修订版与路线图技术领域分解结构进行脱钩，并引入基于技术学科的分类方式，从而使相似技术归入同一个技术领域。

《2020 NASA 技术分类》的另一个主要变化是关注重点从通用路线图转变为 NASA 任务部的技术开发策略，对任务部战略能力需求及相关计划的关注有助于推动所需的技术走向成熟。引入了一种新的战略技术整体框架(STIF)，可以了解每个任务部专家对能力的需求及相关技术投资策略。战略技术整体框架还可提供实际技术投资的可追溯性，使技术开发者可以深入了解 NASA 的战略需求和技术规划。

3. 2015 年到 2020 年的主要变化

《2020 NASA 技术分类》更新反映出根据技术学科对技术领域进行的调整。为此，修订版保留、修改并引入了新的 1 级和 2 级技术领域，同时将其他内容纳入了现有领域。新的技术领域扩展到 17 个，并将 4 级候选技术替换为未做编号的示例技术。《2020 NASA 技术分类》使用的分解结构如表 1 所示。此外，更新还包括与 NASA 相关的新技术，例如网络安全和人工智能的最新发展。

新分类架构的主要变化如下：

● 在每个技术分类 TX 中添加了 2 级内容，以涵盖明显属于该技术分类的技术(例如 TX01. X，TX02. X 等)；

● 保留并更新了交叉类(TX00)，将横跨整个技术分类、但在 TX 1－17 中又未做明确介绍的内容纳入其中；

● 将 TA1 发射推进系统和 TA2 空间推进技术整合为 TX01(推进系统)，并纳入了航空系统的推进技术；

● 新增了 TX02 飞行计算和航电；

● 将 TA4 机器人技术和自主系统分为两个单独的技术领域，TX04 机器人系统和 TX10 自主系统；

● 删除作为独立技术领域的 TA10 纳米技术，但在其他技术领域适当纳入了纳米技术内容(例如，在 TX01 中收录了纳米推进剂)；

● 将 TA15 航空技术分为 TX15 飞行运载系统和 TX16 空中交通管理与距离跟踪系统，将其他航空技术纳入相关的技术领域；

● 新增了 TX17 制导、导航和控制(GN&C)。

4. 技术分类概要

2020 年 NASA 技术分类共分为如下 17 类：

TX01：推进系统

该领域主要介绍了化学和非化学推进系统或与之相关的辅助

系统。推进系统主要用于航空推进、发射推进或空间推进应用。

TX02：飞行计算和航电

该领域重点介绍用于飞行系统的电子设备和计算硬件，包括空间和大气飞行系统。

TX03：空间电源和能量存储

该领域涵盖需要技术改进以实现或增强 NASA 任务的动力系统的各种组件：发电、能量存储以及电力管理与分配。

TX04：机器人系统

该领域涵盖用于机器人系统的技术，这些技术可用于科学探索、载人任务的先驱探索者、人类助手，舱外活动助力器以及无人值守资产的守护者。

TX05：通信、导航和轨道碎片跟踪与表征系统

该领域涵盖指令传输、航天器遥测、任务数据和载人探索任务的语音传输、保持准确授时和导航支持技术，用于航天器通信和导航的某些系统以及其他专用系统可跟踪和表征轨道碎片。

TX06：人类健康、生命支持和居住系统

该领域涵盖与人类因素相关的专门技术和直接影响航天员生存和健康需求的技术，包括航天员所处环境和界面。

TX07：探索目的地系统

该领域涵盖与成功开展太空活动相关的各种技术，包括任务运行和原位资源利用。

TX08：传感器和仪器

该领域涵盖仪器和传感器技术研发，包括遥感技术研发。

TX09：进入、下降和着陆

该领域涵盖实现当前和未来任务所需的进入、下降和着陆技术。

TX10：自主系统

这是个新领域，是一种能使系统在不需要外部控制的动态环

境下运行的跨域技术。

TX11：软件、建模、仿真和信息处理

该领域涵盖为完成 NASA 任务而进行的建模、仿真、信息技术以及软件技术的开发，并最终能提高 NASA 对物理世界的了解和掌握。

TX12：制造、材料和结构

该领域涵盖具有改进或综合特性的新材料、满足系统性能要求的材料结构，以及创新的制造工艺。

TX13：地面、测试和表面系统

该领域涵盖在地球和其他行星表面上准备、验证、执行、支持和维持航空和太空活动与任务的技术。

TX14：热管理系统

该领域涵盖用于获取、传输和排出热量，以及隔热和热流量控制，从而将温度保持在指定范围内的技术。

TX15：飞行运载系统

该领域涵盖航空科学和飞行力学 2 个子领域。航空科学是对飞行器和部件大气飞行性能和流动品质的预测，以实现鲁棒性好的、高效的飞行器开发，在满足性能要求的同时对环境的影响最低。飞行力学对飞行器动力学、轨迹和性能进行分析、预测、测量与试验，从而确保各种飞行器成功完成任务。

TX16：空中交通管理与距离跟踪系统

该领域涵盖安全和自动化技术，包括针对未来规划与运营影响深远的概念和技术，以及将国家空域系统在空中运输和商业航天集成中的能力与应用范围加以安全拓展的技术。

TX17：制导、导航和控制（GN&C）

该领域涵盖在降低成本、时间、质量或功耗的同时，保持或提高 GN&C 的性能；提高系统安全性和持久性；减少航空航天飞行器运行对环境的影响等。

表 1　2020 年技术分类使用的架构第 2 级细分示例

TX01	推进系统 1.1 空间化学推进 1.2 空间电推进 1.3 航空推进 1.4 先进推进	TX10	自主系统 10.1 情境和自我意识 10.2 推理和行动 10.3 协作与交互 10.4 工程和整体性
TX02	飞行计算和航电 2.1 航电组件技术 2.2 航电系统和子系统 2.3 航电工具、模型和 　　分析	TX11	软件、建模、仿真和信息处理 11.1 软件开发、工程和 　　完整性 11.2 建模 11.3 仿真 11.4 信息处理 11.5 任务架构、系统分 　　析和概念开发 11.6 地面运算
TX03	空间电源和能量存储 3.1 发电和能源转换 3.2 储能技术 3.3 电力管理和分配	TX12	制造、材料和结构 12.1 材料 12.2 结构 12.3 机械系统 12.4 制造 12.5 结构动力学
TX04	机器人系统 4.1 传感和感知 4.2 移动性 4.3 操纵 4.4 人机交互 4.5 自主交会与对接 4.6 机器人集成	TX13	地面、测试和表面系统 13.1 基础设施优化 13.2 测试和认证 13.3 装配、集成和发射 13.4 任务成功技术

续表

05	通信、导航和轨道碎片跟踪与表征系统 5.1 光通信 5.2 射频 5.3 网络互连 5.4 网络提供的定位、导航和授时 5.5 变革性通信技术 5.6 组网和地基轨道碎片跟踪与管理 5.7 声通信	**14**	热管理系统 14.1 低温系统 14.2 热量控制组件和系统 14.3 热防护组件和系统
06	人类健康、生命支持和居住系统 6.1 环境控制与生命保障系统和居住系统 6.2 舱外活动系统 6.3 人类健康和工作绩效 6.4 环境监测、安全和应急响应 6.5 辐射 6.6 人系统整合	**15**	飞行运载系统 15.1 航空科学 15.2 飞行力学
07	探索目的地系统 7.1 原位资源利用 7.2 任务基础设施、可持续性和可支撑性 7.3 任务运行与安全性	**16**	空中交通管理与距离跟踪系统 16.1 所有飞行器的安全访问 16.2 天气/环境 16.3 交通管理概念 16.4 体系架构与基础设施 16.5 距离跟踪、监视和飞行安全技术 16.6 集成建模、仿真和测试

续表

TX08 ◎	传感器和仪器 8.1 遥感仪器和传感器 8.2 观察 8.3 就地仪器和传感器	TX17 ✗	制导、导航和控制（GN&C） 17.1 制导与目标定位算法 17.2 导航技术 17.3 控制技术 17.4 姿态估计技术 17.5 制导、导航与控制系统工程技术 17.6 针对空域运营的飞行器轨迹生成、管理和优化技术
TX09 ✦	进入、下降和着陆 9.1 空气辅助进入和大气进入 9.2 下降 9.3 着陆 9.4 飞行器系统		

二、TX01 推进系统

该领域主要介绍了化学和非化学推进系统或与之相关的辅助系统。推进系统主要用于航空推进、发射推进或空间推进应用。具体 2 级及 3 级分类见表 2。

表 2　TX01 推进系统

TX01.1 空间化学推进	TX01.2 空间电推进	TX01.3 航空推进	TX01.4 先进推进
集成系统和辅助技术	集成系统和辅助技术		
1.1.1 集成系统和辅助技术	1.2.1 集成系统和辅助技术	1.3.1 集成系统和辅助技术	1.4.1 太阳帆
1.1.2 可储存推进剂	1.2.2 静电	1.3.2 涡轮基组合循环	1.4.2 电磁绳系
1.1.3 低温	1.2.3 电磁	1.3.3 火箭基组合循环	1.4.3 热核推进
1.1.4 固体	1.2.4 电热	1.3.4 增压燃烧	1.4.4 其他先进推进方式
1.1.5 混合动力		1.3.5 涡轮基喷气发动机	
1.1.6 凝胶		1.3.6 亚燃冲压发动机/超燃冲压发动机	
1.1.7 冷气		1.3.7 往复式内部燃烧	
1.1.8 暖气		1.3.8 全电推进	
		1.3.9 混合电系统	
		1.3.10 涡轮电推进	
		1.3.11 发动机结冰	
		1.3.12 低碳替代航空燃料	

三、TX02 飞行计算和航电

所有空间系统都需要某种电子设备和计算能力。该领域重点介绍用于飞行系统的电子设备和计算硬件,包括空间和大气飞行系统。

表 3　TX02 飞行计算和航电

TX02.1 航电组件技术	TX02.2 航电系统和子系统	TX02.3 航电工具、模型和分析
2.1.1 极端环境抗辐射组件和实现方式 2.1.2 电子封装技术和实现方式 2.1.3 高性能处理器 2.1.4 高性能存储器 2.1.5 高性能现场可编程门阵列 2.1.6 抗辐射专用集成电路技术 2.1.7 负载点功率变换器 2.1.8 无线航电技术	2.2.1 航天器指挥和数据处理(C&DH)系统 2.2.2 飞行器航电系统 2.2.3 视觉和虚拟/增强现实航电技术 2.2.4 低功耗嵌入式计算机系统 2.2.5 高速板载互联和网络 2.2.6 数据采集系统 2.2.7 数据简化硬件系统 2.2.8 先进商用现货(COTS)利用技术 2.2.9 航电安全硬件	2.3.1 电子产品开发工具 2.3.2 空间辐射分析和建模 2.3.3 航电可靠性与容错能力分析和建模 2.3.4 电磁环境效应

四、TX03 空间电源与能源储存

许多最先进的电源系统都过于沉重、庞大,不能满足未来的任务需求,还有一些电源系统不能在极端环境中运行。发电系统的各种组件,包括发电、能量存储和电力管理与分配(PMAD),均需要进行技术升级,以满足或提升 NASA 当前计划中的任务。

表 4   TX03 空间电源与能源储存

TX03.1 发电和能量转换	TX03.2 储能技术	TX03.3 电力管理和分配
3.1.1 光伏技术 3.1.2 热源 3.1.3 静态能量转换 3.1.4 动态能量转换 3.1.5 电机 3.1.6 发电/能量转换的 　　　其他先进概念	3.2.1 电化学：电池 3.2.2 电化学：燃料电池 3.2.3 储能技术先进概念	3.3.1 管理和控制 3.3.2 配电和输电 3.3.3 电力转换和调节 3.3.4 先进电子元器件

五、TX04 机器人系统

在人类探索太空的旅程中，机器人可充当先驱探索者、人类助手、舱外活动助力器，以及无人值守资产的守护者。在科学探索方面，机器人将在充满未知的远方开疆扩土，以便人类更好地了解宇宙并扩展人类足迹。远程现场传感器可帮助人类了解行星、登陆行星，并管理资产和资源。借助远程现场传感器，我们可以创造有利于航天员登陆的行星环境，支持航天员的太空行动，并管理无人值守资产。

六、TX05 通信、导航和轨道碎片跟踪与表征系统

空间通信和导航基础设施是为载人探索任务传输指令、任务数据和语音等的手段，同时还保证精确授时并提供导航支持。一些应用于航天器通信和导航中的相同系统以及专用系统能够进行轨道碎片的跟踪和表征。通过采用应用于通信和导航系统以及其他专用系统中的类似射频和光学技术，能够提高轨道碎片跟踪和表征系统的性能。

表 5 TX04 机器人系统

TX04.1 传感和感知	TX04.2 移动性	TX04.3 操纵	TX04.4 人机交互	TX04.5 自主交会与对接	TX04.6 机器人集成
4.1.1 机器人系统的传感	4.2.1 表面以下的移动性	4.3.1 灵巧操纵技术	4.4.1 多模近邻交互	4.5.1 相对导航传感器	4.6.1 模块性、通用性和接口
4.1.2 状态估计	4.2.2 表面以上的移动性	4.3.2 抓取技术	4.4.2 分布式协作与协调	4.5.2 交会与对接算法	4.6.2 机器人的建模和仿真
4.1.3 在轨检测绘制和数据分析	4.2.3 小物体和微重力下的移动性	4.3.3 接触动态建模	4.4.3 远程交互	4.5.3 交会、接近、作业和捕获（RPOC）飞行与着陆系统	4.6.3 机器人软件
4.1.4 物体、事件和活动识别	4.2.4 表面的移动性	4.3.4 样本采集和处理		4.5.4 捕获传感器	
	4.2.5 机器人导航线规划和路径			4.5.5 捕获机构和固定装置	
	4.2.6 协作移动性			4.5.6 机器人控制太空交通工具的捕获和停泊	
				4.5.7 交会、接近作业和捕获的建模、模拟、分析和测试	

表 6　TX05 通信、导航和轨道碎片跟踪与表征系统

TX05.1 光通信	TX05.2 射频	TX05.3 网络互连	TX05.4 网络提供的定位、导航和授时	TX05.5 变革性通信技术	TX05.6 组网和地基轨道碎片跟踪与管理	TX05.7 声通信
5.1.1 探测装置研发	5.2.1 频谱效率				5.6.1 轨道碎片跟踪	
5.1.2 大孔径	5.2.2 能效				5.6.2 轨道碎片表征	
5.1.3 激光器	5.2.3 大气表征和减缓		5.4.1 计时和时间分配	5.5.1 认知组网	5.6.3 轨道碎片减缓	
5.1.4 定位、捕获和跟踪(PAT)	5.2.4 飞行和地面系统	5.3.1 容断组网	5.4.2 变革性定位、导航和授时技术	5.5.2 量子通信	5.6.4 轨道碎片监测软件	
5.1.5 大气减缓	5.2.5 发射和再入通信	5.3.2 自适应网络拓扑		5.5.3 无线电和光学混合技术		
5.1.6 光度技术	5.2.6 创新型天线	5.3.3 信息安全				
5.1.7 创新型信号调制	5.2.7 创新型射频技术	5.3.4 集成网络管理				

七、TX06 人类健康、生命支持和居住系统

该领域介绍与人类因素相关的专门技术和直接影响航天员生存和健康需求的技术，包括航天员所处环境和界面。具体 2 级及 3 级分类见表 7。

八、TX07 探索目的地系统

探索目的地系统涵盖了与成功开展太空活动相关的各种技术，包括任务运行和原位资源利用。具体 2 级及 3 级分类见表 8。

九、TX08 传感器和仪器

该领域关注科学仪器和传感（包括遥感）技术研发。具体 2 级及 3 级分类见表 9。

十、TX09 进入、下降和着陆

该领域涵盖进入、下降和着陆（EDL）技术研发活动，通过与其他技术研发相互协调的方式，以及持续性的研发，不仅能够支撑当前规划的一系列任务，还能够为远期任务和科学目标提供支撑，而这类远期任务既不能基于当前或近期的技术来实现，也不能利用传统技术的发展来实现。

十一、TX10 自主系统

自主系统（机器人、航天器或飞机背景下）是一种能使系统在不需要外部控制的动态环境下运行的跨域技术。具体 2 级及 3 级分类见表 11。

表 7 TX06 人类健康、生命支持和居住系统

TX06.1 环境控制与生命保障系统和居住系统	TX06.2 舱外活动系统	TX06.3 人体健康和工作绩效	TX06.4 环境监测、安全和应急响应	TX06.5 辐射	TX06.6 人系统整合
6.1.1 大气再生	6.2.1 压力服	6.3.1 医学诊断和预后	6.4.1 传感器：空气、水、微生物和声音	6.5.1 辐射传输和风险建模	6.6.1 人因工程
6.1.2 水回收和管理	6.2.2 便携式生命保障系统	6.3.2 防治对策	6.4.2 消防：探测、灭火和复原	6.5.2 辐射减消和生物学对抗措施	6.6.2 培训
6.1.3 废物管理	6.2.3 信息学和决策支持系统	6.3.3 行为健康和绩效	6.4.3 防护服和呼吸面具	6.5.3 保护系统	6.6.3 适居性和环境
6.1.4 居住系统	6.2.4 减压病缓解	6.3.4 非接触/可穿戴人体健康和绩效监测设备	6.4.4 补救措施	6.5.4 太空天气预报	6.6.4 运行效率
6.1.5 环境控制与生命保障系统建模和仿真工具		6.3.5 食物的生产、加工和保存		6.5.5 监测技术	6.6.5 整合系统安全
		6.3.6 长时间的健康			6.6.6 可维护性和可支持性
		6.3.7 系统变革的健康和绩效概念			

表 8 TX07 探索目的地系统

TX07.1 原位资源利用	TX07.2 任务基础设施、维护和可支撑性	TX07.3 任务运行与安全性
7.1.1 目的地勘测和资源评估	7.2.1 后勤管理	7.3.1 任务规划和设计
7.1.2 资源获取、隔离和制备	7.2.2 原位制造、维护和维修	7.3.2 一体化飞行运行系统
7.1.3 任务耗材生产资源处理	7.2.3 表面建造和装配	7.3.3 训练
7.1.4 制造、施工和储能原材料生产的资源处理	7.2.4 微重力下的建造和装配	7.3.4 一体化风险评估工具
	7.2.5 颗粒污染防治和缓解	7.3.5 行星保护

表 9 TX08 传感器和仪器

TX08.1 遥感仪器和传感器	TX08.2 观测台	TX08.3 原位仪器和传感器
8.1.1 探测器和焦平面		8.3.1 场和粒子探测器
8.1.2 电子器件		8.3.2 原子和分子分析
8.1.3 光学组件	8.2.1 镜面系统	8.3.3 采样处理
8.1.4 微波、毫米波和亚毫米波	8.2.2 结构和天线	8.3.4 环境传感器
8.1.5 激光器	8.2.3 分布式孔径	8.3.5 基于电磁波的传感器
8.1.6 低温/热		8.3.6 与关键系统健康管理相关的极端环境

表 10 TX09 进入、下降和着陆

TX09.1 空气辅助进入和大气进入	TX09.2 下降	TX09.3 着陆	TX09.4 飞行器系统
9.1.1 热防护系统	9.2.1 气动减速器	9.3.1 降落系统	9.4.1 架构设计和分析
9.1.2 高超声速减速器	9.2.2 超声速反推技术	9.3.2 着陆推进系统	9.4.2 分离系统
9.1.3 小卫星被动再入系统			9.4.3 EDL 系统集成和分析
			9.4.4 大气层和表层表征
			9.4.5 EDL 建模与仿真
			9.4.6 EDL 仪器和健康监测
			9.4.7 EDL 制导、导航与控制

表 11 TX10 自主系统

TX10.1 情境和自我意识	TX10.2 推理和行动	TX10.3 协作与交互	TX10.4 工程和完整性
10.1.1 自主系统的传感与感知	10.2.1 任务规划与调度	10.3.1 共同的知识和理解	10.4.1 自主系统的检验与确认
10.1.2 状态评估及建模	10.2.2 活动和资源规划与调度	10.3.2 行为和意图预测	10.4.2 自主系统的测试的评估
10.1.3 知识和建模	10.2.3 运动规划	10.3.3 目标和任务协商	10.4.3 自主系统的运行保证
10.1.4 危害评估	10.2.4 执行与控制	10.3.4 操作信任构建	10.4.4 自主系统的建模和模拟
10.1.5 事件及趋势识别	10.2.5 故障诊断和预测		10.4.5 自主系统架构和设计
10.1.6 异常检测	10.2.6 故障响应		
	10.2.7 学习与适应		

十二、TX11 软件、建模、仿真和信息处理

该领域主要指为完成 NASA 任务而进行的建模、仿真、信息技术以及软件技术的开发，并最终能提高 NASA 对物理世界的了解和掌握。具体 2 级及 3 级分类见表 12。

十三、TX12 制造、材料和结构

本节涵盖具有改进或综合特性的新材料、满足系统性能要求的材料结构，以及创新的制造工艺。具体 2 级及 3 级分类见表 13。

十四、TX13 地面、测试和表面系统

地面、测试和表面系统技术分类包括针对在地球和其他行星表面开展航空和航天活动的准备、组装、验证、执行、保障和维护等方面的能力、基础设施和流程方面的技术创新，以此解决风险、降低运行和维护成本并提高安全性和任务可行性。

十五、TX14 热管理系统

热管理系统可以获取、输送、排出热量，以及隔绝和控制热量流动，从而将温度维持在特定范围内。几乎所有飞行器和相关设备都需要一定程度的热控制，有些对热控制的要求还非常严格，各种应用对设计和技术要求也存在较大差异。

十六、TX15 飞行运载系统

飞行运载系统包括航空科学和飞行力学 2 个子领域。航空科学是对飞行器和部件大气飞行性能和流动品质的预测，以实现鲁棒性好的、高效的飞行器开发，在满足性能要求的同时对环境的影响最低。飞行力学对飞行器动力学、轨迹和性能进行分析、预测、测量与试验，从而确保各种飞行器成功完成任务。具体 2 级及 3 级分类见表 16。

表12 TX11 软件、建模、仿真和信息处理

TX11.1 软件开发、工程和完整性	TX11.2 建模	TX11.3 仿真	TX11.4 信息处理	TX11.5 任务架构、系统分析和概念开发	TX11.6 地面运算
11.1.1 软件设计与开发的工具和方法	11.2.1 软件建模和模型检测	11.3.1 分布式仿真	11.4.1 科学、工程和任务数据的生命周期	11.5.1 定义任务架构或任务设计的工具和方法	11.6.1 百亿亿次级超级计算机
11.1.2 软件系统的验证与评估	11.2.2 软硬件集成建模	11.3.2 集成系统生命周期仿真	11.4.2 智能数据理解	11.5.2 性能系统分析的工具和方法	11.6.2 自动化百亿亿次级的软件开发工具
11.1.3 测试与保证	11.2.3 载人系统建模	11.3.3 基于模型的系统工程（MBSE）	11.4.3 语义技术	11.5.3 飞行器或活动概念定义的工具和方法	11.6.3 百亿亿次级超级计算机文件系统
11.1.4 运行软件	11.2.4 科学建模	11.3.4 基于仿真的训练和决策支持系统	11.4.4 协作科学和工程		11.6.4 量子计算机
11.1.5 软件系统的架构和设计		11.3.5 百亿亿次级仿真	11.4.5 网络基础设施		11.6.5 公共云超级计算机
11.1.6 实时软件		11.3.6 不确定性量化和不确定性仿真方法	11.4.6 网络安全		11.6.6 认知计算机
11.1.7 框架、语言、工具和标准		11.3.7 多尺度、多物理场和多保真度仿真	11.4.7 数字助手		11.6.7 高性能数据分析平台
11.1.8 软件分析和设计工具			11.4.8 边缘运算		11.6.8 云计算
11.1.9 软件网络安全					

表 13 TX12 制造、材料和结构

TX12.1 材料	TX12.2 结构	TX12.3 机械系统	TX12.4 制造	TX12.5 结构动力学
12.1.1 轻质结构材料	12.2.1 轻质概念	12.3.1 可展开结构、对接和接口	12.4.1 制造工艺	12.5.1 负载和振动
12.1.2 计算材料系统	12.2.2 设计和认证方法	12.3.2 电子机械、机械和微型机械结构	12.4.2 智能一体化制造	12.5.2 振动声学
12.1.3 柔性材料系统	12.2.3 可靠性和可持续性	12.3.3 设计及分析工具和方法	12.4.3 电子和光学制造工艺	12.5.3 震动与冲击
12.1.4 用于极端环境的材料	12.2.4 测试、工具和方法	12.3.4 可靠性、寿命评估和健康监测	12.4.4 可持续制造	12.5.4 测试、工具和方法
12.1.5 包覆物	12.2.5 多功能新概念	12.3.5 认证	12.4.5 无损评估和传感器	
12.1.6 发电、能量储存、配电及电机材料		12.3.6 机械驱动系统	12.4.6 重复利用工艺	
12.1.7 特殊材料		12.3.7 机械延寿系统		
12.1.8 智能材料		12.3.8 对接及泊靠装置和固定装置		

表 14　TX13 地面、测试和表面系统

TX13.1 基础设施优化	TX13.2 测试和认证	TX13.3 装配、集成和发射	TX13.4 任务成功技术
13.1.1 自然环境和诱发环境的表征和减缓	13.2.1 机械/结构整体性测试	13.3.1 离线部件处理	13.4.1 任务规划
13.1.2 发射/测试/操作场区管理	13.2.2 推进、排放气体和推进剂管理	13.3.2 飞行器和有效载荷装配与集成	13.4.2 团队准备状态与培训
13.1.3 物品回收	13.2.3 无损检测，评估和根本原因分析	13.3.3 发射、回收和再利用	13.4.3 高保真仿真和可视化
13.1.4 推进剂生产、储存和输送	13.2.4 地面、测试和表面系统的验证与确认		13.4.4 自主实时指挥与控制
13.1.5 地面和表面后勤保障	13.2.5 飞行和地面测试方法		13.4.5 地面和表面系统的运行、健康和维护
13.1.6 测试、运行和系统安全	13.2.6 先进寿命周期测试技术		13.4.6 空间/表面系统的地面模拟
13.1.7 抗冲击/抗损伤/抗辐射系统	13.2.7 测试仪器和传感器		
	13.2.8 环境测试		

表 15　TX14 热管理系统

TX14.1 低温系统	TX14.2 热量控制组件和系统	TX14.3 热防护组件和系统
14.1.1 空间推进剂的存储和利用 14.1.2 运载火箭推进剂 14.1.3 传感器、仪器和高效率电动马达的热量调节 14.1.4 地面测试与操作 14.1.5 低温分析、安全与性质	14.2.1 热量获取 14.2.2 热传输 14.2.3 排热与储热 14.2.4 隔热与界面 14.2.5 热控制分析 14.2.6 加热系统 14.2.7 热管理系统的验证 14.2.8 测量与控制	14.3.1 热防护材料 14.3.2 热防护系统 14.3.3 热防护分析 14.3.4 热防护系统测试 14.3.5 热防护系统测量

表 16　TX15 飞行运载系统

TX15.1 航空科学	TX15.2 飞行力学
15.1.1 空气动力学 15.1.2 气动热力学 15.1.3 气动弹性 15.1.4 气动声学 15.1.5 推进流路和大气层飞行器 15.1.6 先进大气层飞行器 15.1.7 计算流体力学(CFD)技术 15.1.8 地面与飞行试验技术	15.2.1 轨迹设计与分析 15.2.2 飞行性能与分析 15.2.3 飞行力学试验和飞行操作 15.2.4 飞行建模与仿真

十七、TX16 空中交通管理与距离跟踪系统

空中交通管理与距离跟踪系统主要包括与现代化空中交通管理（ATM）系统和距离运行相关的技术学科。下一代空中运输系统（NextGen）是美国针对现代化 ATM 系统开展的一项计划，其目的是实现更高水平的运营能力和效率，同时保持或提高安全和其他衡量指标。NASA 关注的领域涵盖安全和自动化技术，包括对未来规划与运营影响深远的概念和技术，以及将国家空域系统（NAS）在空中运输和商业航天集成中的能力与应用范围加以安全拓展的技术。空中交通管理和距离跟踪系统是 NASA 的独特技术领域，随着商业航天服务供应商数量的不断增加以及联邦航空局对商业载人计划任务的监管，目前出现了需将距离安全扩展至通用飞行安全中的趋势。

表 17　TX16 空中交通管理与距离跟踪系统

TX16.1 所有飞行器的安全访问	TX16.2 天气/环境	TX16.3 交通管理概念	TX16.4 体系架构与基础设施	TX16.5 距离跟踪、监视和飞行安全技术	TX16.6 集成建模、仿真和试验

十八、TX17 制导、导航和控制

所有类型的航空航天系统都需要某种制导、导航和控制（GN&C）能力。本技术分类涉及的独特指挥导航控制系统技术主要为：能实现新任务；在降低成本、时间、质量或功耗的同时，保持或提高 GN&C 的性能；提高系统安全性和持久性；减少航空航天飞行器运行对环境的影响。

表 18 TX17 制导、导航和控制

TX17.1 制导与目标定位算法	TX17.2 导航技术	TX17.3 控制技术	TX17.4 姿态估计技术	TX17.5 制导、导航与控制系统工程技术	TX17.6 针对空域运营的飞行器轨迹生成和优化技术
17.1.1 制导算法	17.2.1 机载导航算法	17.3.1 机载机动/定向/稳定控制算法	17.4.1 机载姿态/姿态变化率估计算法	17.5.1 制导、导航与控制系统体系架构、要求和规格	17.6.1 飞行器的战略管理
17.1.2 目标定位算法	17.2.2 地基导航算法	17.3.2 动态分析、动态建模和仿真工具	17.4.2 地基姿态/重构算法研发	17.5.2 制导、导航与控制的管理/故障裕度/自主性	17.6.2 飞行器的战术管理
	17.2.3 导航传感器处理与接口	17.3.3 地基机动/定向/稳定控制算法	17.4.3 姿态估计传感器	17.5.3 制导、导航与控制的工具与验证、确认技术	
	17.2.4 相对导航辅助手段	17.3.4 控制力矩/扭矩执行器		17.5.4 制导、导航与控制的地面测试设施与技术	
	17.2.5 交会、接近操作和捕获传感器处理与接口	17.3.5 在交会、接近操作过程中进行6自由度航天器GN&C的执行器		17.5.5 飞行器设计动力学/技术	
	17.2.6 交会、接近操作和捕获轨迹设计与机载轨道测定			17.5.6 任务系统识别	
				17.5.7 制导、导航和控制系统的端一端建模与仿真	
				17.5.8 飞行/操控建模质量	
				17.5.9 机载与地基地形和物体仿真、测绘和建模软件	

2033 年载人火星探索任务评估（节选）

2017 年《NASA 过渡授权法》要求 NASA "制定载人探索路线图……以将人类足迹扩展到近地轨道以外的火星表面和更远地方，且考虑到诸如月地空间和火星卫星等潜在的临时目的地 ［美国国会 2017，第 432（b）节］"。为此，NASA 在 2018 年 9 月 24 日发布《国家空间探索活动报告》，提出载人太空探索的现行概念计划。在上述法案第 435 条，国会还要求 NASA 与独立实体签订合同，以进行以下方面的研究：

1）技术开发、测试、部署和运行计划 ［使用航天发射系统（SLS）、猎户座飞船和其他系统，在 2033 年前成功实施火星载人航天任务］。

2）技术开发、测试、部署和运行计划的年度预算概要，包括费用估算，以实现 2033 年火星载人航天任务。

3）年度预算概要与按照《美国法典》1105 条包含于 2017 财年总统预算提案中的五年预算概要的对比。

2017 年 8 月，NASA 要求国防分析研究院科技政策研究所进行此次独立评估，特别是要求科技政策研究所使用 NASA 制订的载人探索现行概念计划，作为此次研究中提出的太空飞行系统和时间表的基础。2017 年 12 月，科技政策研究所提交了一份报告草案。由于 NASA 探测计划 2018 年进行了重新调整，因此，科技政策研究所应邀于 2018 年 9 月更新初期报告。2018 年 9 月至 2019 年 1 月间，科技政策研究所进行了补充研究。本报告就是上述工作的成果。

在评估中，科技政策研究所利用多方资料，涵盖《国家空间探索活动报告》、与 NASA 工作人员和航天业人士进行的讨论、科学文献的同行评审，以及有关 NASA 太空探索现行概念计划的其他公开文件，包括 2019 财年总统预算提案，以及向 NASA 咨询委员会及其下属委员会所做的简报。科技政策研究还利用了该所专家就技术决定因素和模式、时序安排、任务架构以及采用新技术的大型复杂项目的费用风险等问题发表的深入见解。

一、NASA 载人航天计划概述

在《国家空间探索活动报告》中，NASA 提出了从现在至 2020 年年底的载人航天计划。我们以这些计划为出发点，制定了载人火星探索任务时间表。根据 NASA 现行概念计划，2023 年至 2026 年间，将在太空组装一个环绕月球飞行的小型空间站——"门户月球轨道平台"（以下简称"门户"）。其目的是提供一个平台，用以研究月球环境，获得深空工作经验，并开展月球和火星探索任务。将使用航天发射系统和猎户座飞船执行前往"门户"的载人航天任务。虽然 NASA 的计划或预算请求没有明确提及火星轨道载人飞行任务，但下一步也许是对深空运输飞船进行规划、设计、制造、装配、集成和测试。深空运输飞船是将航天员送到火星轨道的飞行器。经过数年的太空测试之后，深空运输飞船将开启为期 1100 天的火星轨道载人飞行任务。

二、技术评估

由于长期开发计划和持续不断测试，航天发射系统和猎户座飞船为火星轨道飞行任务降低了技术风险。总体而言，"门户"存在中等技术风险，因为某些技术（例如，氙气加注和自主环境监测）并未在与"门户"相当的规模上进行验证。如果增加额外舱段或扩大任务要求，那么"门户"将面临更大的技术集成风险，特别是最初为小型"门户"定制的电力、推进和生命保障系统。不论是在当前规模上还是在更大规模上，集成和测试"门户"各个部件均面临中等技术风险。

深空运输飞船需要采用多种中高风险技术。值得注意的是，虽然 NASA 计划从 2022 年开始在国际空间站进行氧气回收率较高的环境控制和生命保障系统（ECLSS）的测试，但符合深空运输性能与可靠性要求的 ECLSS 目前处于较低的技术成熟度水平。扩大"门户"系统（例如 500kW 太阳能电力推进系统和可重复使用太空发动机）规模可能比较困难，因此存在中等技术风险。用来转移低温推进剂和长期防止蒸发损失的技术，目前尚未在深空运输所需的规模上进行验证，因此存在很大风险。由于深空运输系统的规模很大且相互依赖，所以一个系统的变化可能需要对该航天器其他部分做出一系列改变，因此将每个系统集成到单一平台当中风险可能较大。载人火星探索任务的概念计划依赖于其他几项中高风险技术（例如适合深空维修的航天服）来完成。

三、时间表评估

根据 NASA 的现行概念计划，启动载人火星探索任务需要开发和完成四个复杂部件——航天发射系统、猎户座飞船、"门户"和深空运输飞船。这些技术开发也会在 NASA 设计月球着陆器并将航天员送到月球表面时进行。我们发现，即使没有预算限制，根据 NASA 的现行概念计划，实际上也无法在 2033 年实现火星轨道飞行。我们的分析表明，如果不存在大量技术开发、进度延误、费用超支和预算短缺的风险，火星轨道飞行任务最早要到 2037 年的轨道窗口才能实施。如果建造和测试深空运输飞船时出现更多预算短缺或延误，那么火星探索任务最早要等到 2039 年才能实施。

本报告制定的时间表取决于两个关键假设，这两个假设基于

《国家空间探索活动报告》以及与 NASA 工作人员进行的讨论。首先，NASA 将选择火星载人轨道飞行任务的架构，并从 2024 年开始进行相关系统开发，从而推动深空运输飞船的开发。其次，每年只开展一次前往"门户"的载人航天任务，不论是在"门户"上工作，操作深空运输飞船，还是转移到月球表面。因此，NASA 必须进行权衡：是集中精力进行登月，还是为火星任务准备深空运输飞船。

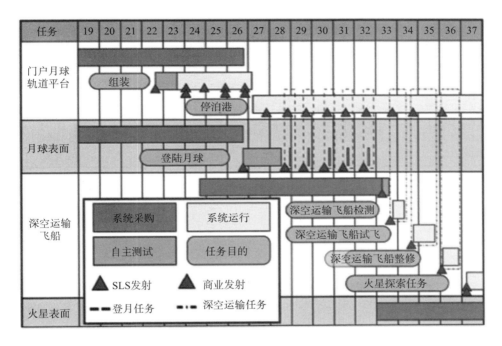

图 1　2037 年前载人航天任务的概念时间表

注："组装"（Assembly）是指专门在月球轨道上组装"门户"的四次任务；"停泊港"（Dockyard）是指使用"门户"作为登月和深空运输任务的中转站；"深空运输飞船检测"（DST Checkout）是指深空运输飞船在"门户"停驻时进行测试和装配的任务；"深空运输飞船试飞"（DST Shakedown）是指深空运输飞船在地月空间进行的为期一年的试飞；"深空运输飞船整修"（DST Refit）是指在深空运输飞船试飞与火星环绕飞行任务间隔对其进行整修。

四、费用评估

基于火星探索任务将于 2037 年窗口期间进行发射的设想，科技政策研究所构建了一套费用估算，涵盖 2019 财年至 2037 财年的 19 年间整个载人航天探测活动。科技政策研究所估计，按 2017 财年美元价值计算，2019 财年至 2037 财年间，载人火星探索任务的核心架构部件的开发与运行费用总额可能高达 832 亿美元，其中包括 10% 至 30% 的储备金，但不包括可能出现的超支。如考虑至 2040 年轨道飞行任务期间产生的费用，载人火星探索任务预算费用总额达 869 亿美元。

表 1　火星环绕飞行任务费用估算

（按 2017 年美元计算，单位：亿美元）

项目	截至 2018 财年费用	预计系统费用（2019 财年后）	系统费用总额
SLS	159	178	336
探测地面系统	30	27	57
"猎户座"	149	107	256
"门户"		66	66
深空运输飞船		292	292
探测地面系统作业		162	162
截至 2017 年火星环绕飞行任务费用小计	337	832	1169
与 2038—2040 年轨道飞行任务相关费用		37	37

续表

项目	截至 2018 财年费用	预计系统费用（2019 财年后）	系统费用总额
火星环绕飞行任务总费用	337	869	1206

注：SLS 和"猎户座"这两项包括系统开发费用（含有 SLS Block 2 开发），以及与"门户"建造和深空运输/火星环绕飞行任务有关的发射费用，但不包括与登陆月球有关的航天发射系统和猎户座任务费用。"与 2038—2040 年轨道飞行任务相关费用"包括：在 2038 年至 2040 年轨道飞行任务结束时，从深空运输飞船和探测地面系统任务返回地球时使用的深空运输飞船和猎户座飞船的相关费用。由于四舍五入，各列之和可能不等于该列总额。

不管是否开展火星探索任务，NASA 都会继续对航天发射系统、猎户座飞船和"门户"进行投资。而在这些因素之外仅仅火星轨道飞行任务所需的额外费用按 2017 财年美元计算就将达到 450 亿美元，包括航天发射系统发射、猎户座飞船、深空运输飞船、补给以及飞行期间地面支援等费用。

虽然月球登陆器、火星表面系统以及载人航天飞行等费用不是火星轨道飞行任务费用的一部分。我们估计，2019 财年至 2037 财年载人航天飞行的总费用约为 1840 亿美元（按 2017 年美元计算）。

表 2　到 2037 年的探测系统费用估算

（按 2017 年美元计算，单位：亿美元）

项目	截至 2018 财年费用	预计系统费用（2019 财年后）	系统费用总额
到 2037 年火星环绕飞行任务	337	832	1169
登陆月球		200	200
火星表面系统		246	246

项　目	截至 2018 财年费用	预计系统费用（2019 财年后）	系统费用总额
其他载人航天任务		559	559
载人航天任务总计	337	1836	2174

注：其他一些载人航天飞行费用包括与国际空间站、近地轨道任务、人类健康研究、其他商业月球活动以及其他技术开发有关的费用。由于四舍五入，各列之和可能不等于该列总额。

五、费用与概算对比

2018 财年 NASA 获得 207 亿美元拨款（2017 财年为 204 亿美元），其中大约一半用于载人航天活动。如果 NASA 在 2019 财年至 2037 财年每年继续获得这么多拨款（根据通货膨胀率进行调整），按 2017 美元价值计算，NASA 累积将有 1927 亿美元资金用于载人航天任务。如果 NASA 获得的预算增幅与美国 GDP 实际增长率（预计 1.9%）相当，假设其用于载人航天任务的预算份额保持不变，那么 NASA 在这 19 年间可用于载人航天任务的资金按 2017 年美元价值计算可能达到 2338 亿美元。

将火星和月球探测活动所需系统的估算费用，与 NASA 载人航天探测任务的未来预算进行对比，我们发现在预算不变的情况下，总拨款大于总费用（约 1840 亿美元）。如果载人航天探测活动预算按实际 GDP 增长率增加，则有望有足够资金用于其他项目（例如，更多登月活动、开发核动力推进系统），或有足够资金减轻费用超支的影响。

我们对 2019 财年至 2023 财年的载人火星探索任务年度费用估算与美国政府的预算提案进行了比较。在预算不变的情况下，2037 年启动火星探索任务是可行的；不过，费用达到峰值时将需要重新安排登月之类活动，以确保年度拨款与开发费用相匹配，这可能对火星轨道探测任务发射日期产生影响。如果登月活动是 21 世纪 30 年代的优先任务，那么深空运输飞船建造时间可能会推迟两年，这将使火星轨道飞行任务推到 2039 年。按照与实际增长率相匹配的预算，考虑到 NASA 的现行概念计划，2037 年开展火星探索任务是可行的。在这种情况下，每年预算始终会超过预计费用 10 亿~60 亿美元（按 2017 年美元价值计算），因此可以开展更多的探测项目，特别是在 21 世纪 30 年代初期深空运输费用高峰过后。

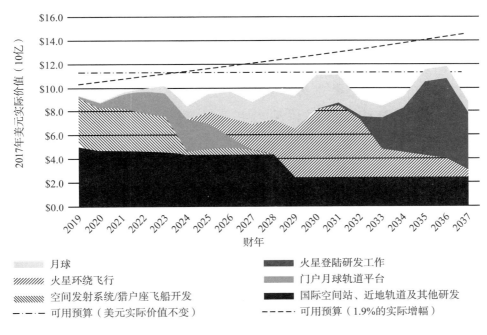

图 2　科技政策研究所估算的载人探测活动费用与
预算推测对比（按年度）

六、人类健康风险评估

通过与 NASA 工作人员进行的讨论，以及对该局内部计划文件和学术文献进行的评估，我们发现我们尚未充分了解 1100 天的火星轨道载人飞行给人类带来的健康风险。我们对火星轨道飞行任务给人类健康带来的威胁仍不确定。考虑到 NASA 地面研究、国际空间站发射、"门户"和月球表面作业的现行概念计划，我们在火星探索任务开始之前可能无法充分了解上述威胁，因为航天员只会在相关环境中逗留很短时间。此外，为期一年的深空运输飞船试航任务可能很晚才会实施，所以根据试航信息修改设计以降低风险，将会大大增加火星轨道飞行任务的进度与费用风险。

NASA 目前的《人类研究项目综合研究计划》旨在研究与深空长期航天飞行有关的人类健康问题。我们发现这项计划缺乏足够详细的证据和策略，以证明为制定风险缓解对策、甚至为估算消除风险的实际费用而拟订的预计时间表合乎情理。此外，该文件没有提出统一计划来优先考虑 NASA 填补知识空白的方法，尤其是辐射、低重力/微重力和隔绝对航天员的综合影响方面的知识空白。因此，NASA 目前对深空中人类健康的研究方式对从事三年的火星探索任务的航天员来说存在很大风险。

七、载人火星探索任务总体评估

根据 NASA 现行计划要求，应在建设月球基础设施方面取得进展，同时开发一系列新的深空技术，加强新的和复杂的系统级能力，以及建立新的采购和机构关系。作为本报告依据的《国家空间探索活动报告》没有考虑新的大笔资金投入。既然内容雄心勃勃，而资金固定不变，那么唯一剩下的变量就是时间表了。

科技政策研究所发现，考虑到 NASA 的现行概念计划，根据各种预算方案和技术开发及测试时间表，2033 年开始火星轨道飞行任务是不可行的。按照与 1.9% 的实际增长率相匹配的预算，2035 年开始这项任务也许可能，但存在很大的进度延误风险，因为深空运输飞船涉及复杂的技术开发、测试和制造计划；可能需要缩小月球任务的范围；而且减弱 NASA 降低深空中人类健康风险的能力。我们发现，假设在 21 世纪 30 年代略微增加预算或将预算均匀分配于两个时段，那么 2037 年是深空运输飞船前往火星探索的最早时间，如果出现延误或预算短缺，影响深空运输飞船的采购和测试，那么 2039 年是个更现实的时间。

（北京空间科技信息研究所　译）

NASA 航空航天安全顾问委员会 2019 年度报告

NASA 的航空航天安全顾问委员会（ASAP）于 2020 年 1 月 8 日发布 2019 年度报告，对 NASA 在过去一年里的安全问题进行了分析评估，并对涉及国际空间站（ISS）、月球与深空探索、探索系统研发（ESD）、商业乘员项目（CCP）、航空飞行与空中运营、安全文化以及企业保护等方面所取得的成绩、突出的问题及所关注的事项进行重点性总结。

1. ASAP 在 2019 年的主要工作

ASAP 在 2019 年的主要工作是，继续了解和掌握 NASA 为实现其 CCP 及 ESD 项目涉及的载人与无人发射飞行任务，如何开展各种认证测试、分析与验证工作。随着 NASA 宣布拟于 2024 年运送美国航天员重返月球表面的"阿尔忒弥斯"计划，委员会认为这些认证测试、分析与验证等各种里程碑性工作对于实现 2024 年载人登月以及未来月球至火星深空探索是非常关键的，并会不断增加对这些探索项目研制进度的关注度，向 NASA 建议如何在完成项目任务目标的同时将所面临的风险降低到最低。ASAP 指出，太空探索存在着固有的危险性，其运营环境是非常恶劣的，所应用和运行的硬件与软件系统是非常复杂的，因此航天机构和企业不应不计成本地规避风险，而应学会如何巧妙运用各种应对措施开展风险管理。

ASAP 在 2019 年度报告中并未提出可闭合事项的建议，但提出了 2 项仍需待定的新建议。一是针对 NASA 所有人员开展安全与任务保证技术优势项目（STEP）培训。ASAP 认为在 NASA 总部及各中心内建立有效的安全文化是非常重要的，因此建议 NASA 要求雇员完成 STEP 的第一级培训课程。但截止到 ASAP 发布 2019 年度报告之际，NASA 仍未给出任何反馈意见。二是针对新一代舱外活动航天服（xEMU）的研发。ASAP 认为，NASA 应在目前舱外活动（EVA）所面临的风险愈加难以管理之前，尽快研制新一代航天服。NASA 曾于 9 月 11 日对 ASAP 的建议做出反馈，但截止到报告发布之时仍未开展任何实质性工作，ASAP 将继续督促 NASA 将该项要求视为第一要件。

2. ASAP 对 2019 年 NASA 主要领域的综合评估

ASAP 的 2019 年度研究报告主要针对 NASA 在过去一年里所面临的问题与取得的成绩进行评估，共分为 13 个方面。

（1）资源充足性与临时拨款案

临时拨款法案提供不确定性预算将增加 NASA 项目管理的复杂性和不稳定性，同时会使安全与任务保证工作产生潜在的离散性。

（2）商业乘员项目的乘员飞行准备

虽然商业乘员项目仍需开展大量的后续工作，但波音和 SpaceX 两家公司拟向 ISS 运送航天员的前期准备已取得了稳定进展。

（3）"阿尔忒弥斯"计划的载人资格认证

ESD 项目已成为整个"阿尔忒弥斯"计划的关键。对于一个未来更加复杂的生态系统而言，载人资格认证则要求实施更为明确、清晰的综合性风险管理过程与做法。

（4）深空探索项目的集成性进展

"阿尔忒弥斯"计划由多个复杂单元组成，可能由不同的供应商提供运输服务，因此需要制订一个表述清晰、简明易懂、结构合理的综合性计划，以便更好地了解和管理该登月计划所面临的风险。

（5）载人着陆系统研制

鉴于 NASA 针对载人着陆系统（HLS）所制定的采办策略，

委员会必须对该采办的具体实施以及后续认证加以特别关注，以确保 HLS 达到所需的任务保证与安全目标。

（6）近地轨道的持续性进入

作为技术研发、测试、研究、人体健康观测以及乘员健康风险减缓等方面的实验场，近地轨道在未来一段时间里仍需继续保持存在，近地轨道的持续性进入是开展空间探索活动的基础。

（7）舱外活动装置

NASA 已向 xEMU 项目投入研发经费，并已进入样服研制阶段。但无论是替换 ISS 的 EMU，还是保障 2024 年载人登月所用的 EMU，该项目的实施过程将面临很大的技术挑战，因此需要制订明确的研发计划并投入充足的资源。

（8）人员管理

NASA 领导层要特别注重与因承担多个复杂且同步的研发工作而处于压力危险状态下的下属人员间的直接性互动，不要形成不明智的风险管理。

（9）载人航天飞行事故响应

基于 NASA 现行的载人航天飞行任务实施方法，需对 NASA 2005 年授权法案中的条款进行修订。该调整将能更好地反映目前任务实施环境的要求，从而能按需制订有效的载人航天飞行事故响应流程。

（10）微小行星与轨道碎片

来自微小行星与轨道碎片的风险正占据主导地位并日趋增长，因此有必要采取措施解决这种激增的安全危险。

（11）空中服务合同签订

虽然 NASA 目前实施的空中服务采办工作在一定情况下具有较高的性价比，但建议对 NASA 的飞行保障人员进行一定监督以确保安全运营。因此，需向相关的下属中心配备充足的高技能型飞行保障人员，以确保安全不受到损害。

（12）老化的飞行器编队

NASA 现役飞行器均是独一、无法替代且正处于老化阶段的，因而愈加难以为安全运营提供相应的保障服务。由于生产这些飞行器部件的企业目前已不再经营，因而导致 NASA 需尽最大努力保障这些专用飞行器得以继续安全飞行。NASA 需针对后续如何更换这些飞行器而制定一项有效的战略计划，包括对新研制平台的采办等，以确保能及时地加以更换。

（13）企业保护

NASA 在企业保护方面取得了一定进展，但在企业风险降低方面，仍需完善和改进，从而避免在降低跨企业风险过程中产生巨大变化。

3. ASAP 对"战略目标坚定性"议题的评述

在 ASAP 数年来发布的年度报告中，"目标坚定性"是其反复关注和强调的议题。"目标坚定性"即要求一个国家能为追求和实现载人太空探索目标而做出坚定不移的承诺，自愿提供保障这些发展目标所需的资源，不能随着时间的推移而放弃。无论 NASA 如何解决技术难题，美国联邦政府摇摆不定的政策目标、模糊不清的发展目标、不充足的预算资金以及包括全年与单独临时拨款议案在内的不稳定性，均增加了 NASA 项目管理的复杂性和不确定性，其结果是导致项目执行的低效率状态，降低了实现技术目标的能力。如果一个国家和政府没有对清晰的太空探索发展目标给予明确和持之以恒的承诺，其后果是导致太空探索项目受困于经常性调整、目标延期、任务进度不断延长以及不可避免的风险增加。

ASAP 指出，研发型项目管理中的成本、进度和技术性能这三项仍是一个太空探索项目获得最终成功的最根本要求。如果 NASA 拟在合理的时间进度内达到设定技术性能，实现预期目标，则国家和政府应向其提供必要的资源。美国联邦政府过去数年里通过一系列临时决议案进行拨付的不明确性，增加了 NASA 项目管理的复杂性以及项目执行的低效率，同时也导致安全与任务保证工作产生潜在的离散性。

4. ASAP 对 NASA 任务进度压力的评述

ASAP 在 2019 年度报告中继续建议 NASA 管理层要对目前下属人员面临的任务进度压力所产生的影响加以关注。虽然 ASAP 认为设定挑战性发展目标是非常重要的，但基于现实情况和可完成的任务进度，委员会警告不允许形成过度性进度压力，以避免做出可能影响安全和任务保证的决策。NASA 在 2019 年年初宣布拟在短短 5 年内实现载人重返月球的发展目标就对原本已处于复杂和耗资耗时状态的工作局面更增添强劲的紧迫感。

针对 NASA 目前同步开展的"阿尔忒弥斯"计划、商业乘员项目和国际空间站项目，ASAP 指出，设定雄心勃勃的发展目标令人振奋且高度激励人心，但如果未能向下属雇员传达有关在明确的进度内完成目标的清晰计划，也可能会对雇员精神造成损害。此外，如果这些发展目标、任务进度以及发射日期设定缺乏一定的现实性、考虑周全的规划保障，而盲目地追求任意、武断性的最后期限，则会导致糟糕的决策、轻率的捷径以及省略重要的测试项。

对于 NASA 的商业乘员项目以及"阿尔忒弥斯-1"和"阿尔忒弥斯-2"飞行任务所开展的各项工作，ASAP 认为，NASA 应认识到在将新研载人运载系统发射送入太空之前，须设定若干可量化风险的关键数据集，如针对热防护系统、降落伞系统、发射中止机制以及环境控制与生命保障系统等重要系统设定相应的结构、热、音频、推进测试范围以及集成性技术指标，以有效确保载人飞行任务的优化性安全。

5. ASAP 对 NASA 后续工作的展望

ASAP 认为，NASA 目前仍没有单一的方法能明确了解和控制风险极限。随着 NASA 继续调整其与工业界开展风险管理的策略，

NASA 接受替代性方法十分必要，但至关重要的是仍需同时坚持系统研发的核心原则，主要包括：确定系统的技术性能极限、了解这些极限的具体要求以及控制这些极限的运行环境。无论采用何种管理方法，都应运用这些核心原则。ASAP 要求对两个具体方面加以关注。

首先，随着 NASA 将载人航天飞行扩展到环月球探索范围，需要充分阐述其在商业乘员项目获取的经验教训，如哪些工作进展良好？哪些工作没有达到预期以及为什么？虽然 NASA 逐步开展与商业供应商合作，但载人航天飞行任务最终仍是 NASA 的职责所在。换言之，NASA 仍需保留对任务保证、载人飞行认证和安全的责任，必须在所有企业合作方中发挥领导者作用。

其次，随着 NASA 深空载人探索活动延伸到近地轨道以远的月球并最终抵达火星，项目风险管理将愈加复杂。随着离开近地球环境、实施更长期的过渡型任务、没有快速应急返回方案以及增加风险暴露机率，有必要实施融合高可靠度和抗故障设计的任务。虽然 NASA 在过去数十年里通过科学探测任务在应对极端、长期运行环境方面积累了丰富经验，但载人航天飞行则远比科学探测任务更加复杂，要求在技术性能方面具备非常高的级别，因此需要对能实现高等级任务保证的传统方法进行重新审查。如猎户座飞船服务推进系统已经实施针对组件冗余度的改进，即更趋向于高可靠性设计。这种决策以及设计理念的潜在转变对未来载人航天飞行毫无疑问是十分必要的，但必须是基于大量慎重、详尽的风险权衡后做出的，同时还须遵循必需的核心原则：充分了解和掌握设计极限、制定如何在这些极限内运行的综合策略以及做出决策的根本原因的清晰阐述。

6. ASAP 拟在 2020 年开展的主要工作

无论航天机构和企业如何精心地管理风险，航天飞行始终存在着固有的危险和发生事故概率的特性。因此，及时建立有效的机制和规程以开展严格和专业性调查无疑是明智之举，不仅能提出修正措施建议、避免后续更多的事故，而且还能确保在事故发生之后快速安全地重启飞行任务。ASAP 认为，虽然 NASA 内部已建立了此类规程，但在 NASA 2005 年授权法案中还设定针对事故发生开展载人航天飞行独立调查的条款。委员会在 2015 年曾建议根据当前的运载系统和任务环境进行重新修订。ASAP 认为，在 NASA 即将开展载人航天飞行任务前，及时建立适当的事故响应规程以开展调查是绝对必要的。委员会曾针对这项条款提出了详细的备选方案。

ASAP 在过去数年里始终担忧的另一个问题，就是源自微小行星和轨道碎片对在轨航天器形成的破坏风险。ASAP 认为，源自微小行星和轨道碎片的危险已成为每个太空探索项目需解决的首要难题。委员会对特朗普政府 3 号太空政策指令关注此类风险的决策表示赞赏，但同时表示有必要采取有意义的举措以解决这种激增的安全危险。

ASAP 还继续关注的一个新问题是供应商的供应链及产品质量下降，目前出现两种情况：一是依赖单一供应商已导致程序和/或技术问题；二是原先曾提供优质部件的供应商已开始提供质量较差的产品，而这两种情况目前正影响着整个项目的实施进程。ASAP 未在 2019 年度报告中提出具体建议，但表示应对供应链管理和部件质量认证加以重视。

2020 年，ASAP 的工作重点将主要针对商业乘员项目完成认证工作以及继续审查"阿尔忒弥斯-1"和"阿尔忒弥斯-2"飞行任务所开展的重大测试。此外，委员会还将介入月球与深空探索项目的部件研制，并关注 NASA 飞行器运营的一些重要方面。ASAP 将通过安全审计过程，继续了解和掌握 NASA 内部的整体安全文化环境。

国际空间站第 59 长期考察团

（任务时间：2019 年 3 月—2019 年 6 月）

从左至右：飞行工程师加拿大航天局航天员大卫·圣雅克、飞行工程师 NASA 航天员安妮·麦克莱恩、指令长俄罗斯航天员奥列格·科诺年科、飞行工程师俄罗斯航天员阿里克谢·奥夫钦宁、飞行工程师美国航天员尼克·黑格、飞行工程师美国航天员克里斯蒂娜·库克。

指令长 奥列格·科诺年科

现年 55 岁，机械工程学学士，大学毕业后在俄罗斯航天局从事航天器电力系统设计工作，后担任首席设计工程师。1996 年入选航天员，1998 年成为正式的试验航天员。2008 年参加国际空间站第 17 长期考察团任务，担任飞行工程师，期间完成 2 次舱外活动。2011 年参加国际空间站第 30 长期考察团，2012 年完成 1 次舱外活动。2015 年作为联盟号指令长，飞抵国际空间站加入第 44/45 长期考察团。2018 年 12 月，担任第 58 长期考察团指令长，2019 年 3 月，担任第 59 长期考察团指令长。

飞行工程师　大卫·圣雅克

　　现年 49 岁，工程物理学学士、剑桥大学天体物理学博士 /
博士后、医学博士，曾从事过生物医学工程师、天体物理学研究
学者和医生等职业。2009 年入选加拿大航天局航天员，在 NASA
完成训练后被分配到航天员办公室的机器人分部。2011 年参加
"宝瓶座"海底实验 NEEMO-15 任务。2016 年 5 月，被选为国
际空间站第 58/59 长期考察团飞行工程师。

飞行工程师　安妮·麦克莱恩

　　现年 40 岁，西点军校毕业后，深造获得航天工程和国际安
全硕士学位。在军队服役期间，作为直升机飞行员在伊拉克执行
了 216 次战斗飞行任务。2013 年入选 NASA 第 21 批航天员队伍，
成为 NASA 历史上最年轻的航天员。2015 年完成航天员训练，
2018 年加入国际空间站第 57/58 长期考察团，担任飞行工程师。

国际空间站第 60 长期考察团

（任务时间：2019 年 6 月—2019 年 10 月）

上排从左至右：指令长俄罗斯航天员阿里克谢·奥夫钦宁、飞行工程师美国航天员尼克·黑格；中排从左至右：飞行工程师美国航天员克里斯蒂娜·库克，飞行工程师意大利航天员卢卡·帕尔米塔诺；下排从左至右：飞行工程师美国航天员安德鲁·摩根，飞行工程师俄罗斯航天员亚历山大·斯科沃佐夫。

指令长　阿里克谢·奥夫钦宁

现年 48 岁，曾担任俄罗斯空军少校，飞行教官，2006 年入选航天员。2009 年成为正式的试验航天员。2013 年，参加洞穴探险训练。2016 年参加第 47/48 长期考察团，担任飞行工程师和"联盟"飞船指令长。2018 年和尼克·黑格登上联盟号 MS-10 飞船前往国际空间站，参加第 57 次远征，但由于助推器故障发射中途中止。2019 年 3 月再次进入国际空间站，加入了第 59 长期考察团，6 月担任第 60 长期考察团指令长。

飞行工程师　克里斯蒂娜·库克

　　现年 40 岁，物理学士、电子工程硕士，曾任 NASA 戈达德太空飞行中心高能天体物理学实验室的电气工程师，为 NASA 朱诺号和范艾伦探测器，提供了研究辐射粒子的仪器。曾担任美国南极计划的研究助理，随后任国家海洋和大气管理局 (NOAA) 美属萨摩亚观测站站长。2013 年入选 NASA 航天员第 21 批航天员队伍，2019 年参加国际空间站第 59/60/61 长期考察团，完成历史上第一次全女性舱外活动。

飞行工程师　尼克·黑格

　　现年 44 岁，美国空军学院学士，麻省理工学院航空航天工程硕士，美国空军上校。2013 年入选 NASA 航天员第 21 批航天员队伍，并于 2015 年 7 月完成了预备航天员训练。2018 年 10 月 11 日，入选国际空间站任务。不幸的是，他和他的同伴，俄罗斯航天员阿里克谢·奥夫钦宁，在飞船发射后不久，由于火箭助推器出现故障，被迫中止了任务，中止的飞船安全着陆。

国际空间站第 61 长期考察团

（任务时间：2019 年 10 月—2020 年 2 月）

　　从左至右：飞行工程师美国航天员安德鲁·摩根、飞行工程师俄罗斯航天员亚历山大·斯科沃佐夫、指令长意大利航天员卢卡·帕尔米塔诺、飞行工程师俄罗斯航天员奥列格·斯克利波奇卡、飞行工程师美国航天员杰西卡·迈尔、飞行工程师美国航天员克里斯蒂娜·库克。

指令长　卢卡·帕尔米塔诺

　　现年 43 岁，飞行测试工程硕士，意大利空军上校。2009 年入选欧洲航天局航天员。2013 年 36 岁加入国际空间站第 36/37 长期考察团，是执行空间站任务最年轻的航天员，在太空中度过了 166 天，进行了 20 多项实验，并参加了两次舱外活动，是第一位执行舱外活动的意大利人，第二次舱外活动期间航天服头盔进水，被迫提前中止舱外任务。2015 年担任 NASA "宝瓶座" 海底实验 NEEMO-20 指令长。2019 年 11 月完成复杂而具有挑战性的的舱外活动任务，维修空间站阿尔法电磁光谱仪。

飞行工程师　安德鲁·摩根

现年 43 岁，毕业于西点军校和马里兰州贝塞斯达健康科学大学，医学博士，美国陆军上校，曾担任过美国陆军的急诊医师。2013 年入选 NASA 航天员第 21 批航天员队伍，2015 年完成了预备航天员训练，随后在 EVA/ 机器人部门和乘务操作部门工作。2019 年担任第 60/61/62 长期考察团的飞行工程师。2019 年 11 月参加舱外活动任务，维修空间站阿尔法电磁光谱仪。

航天飞行参与者　哈扎·曼苏里

现年 34 岁，阿联酋首飞航天员。拥有哈利法·本·扎耶德航空学院航空科学和军事航空学士学位，有 14 年的军事航空经验。2019 年 2 月成为预备航天员，4 月正式成为首飞人选。2019 年 9 月 25 日搭乘联盟号 MS-15 飞船飞抵国际空间站，停留 8 天并完成一系列科研实验后，乘坐俄罗斯联盟号 MS-12 飞船返回地面。他是第一位在国际空间站用阿拉伯语介绍太空之旅的航天员。